普通高等教育"十三五"规划教材

UG三维造型实践教程

伍胜男　慕　灿　张宗彩　主编
吴晨刚　陈　敏　副主编

化学工业出版社

·北京·

本书针对 SIEMENS 公司新推出的 UG NX 软件，以实例教学的方式，详细介绍了 UG NX 软件在计算机辅助设计、制造和分析等方面的应用。全书共分五章，第一章为草图设计，精选了 6 个草图设计实例；第二章为非曲面实体设计，通过 8 个实例，全面介绍了非曲面实体设计；第三章为曲面设计，包括 4 个曲面设计实例；第四章通过 3 个实例，介绍了 UG NX 在装配设计方面的应用；第五章为工程图设计，精选了 3 个工程图设计实例。本书各章实例采用由浅入深的渐进方式编写，知识体系完整，操作步骤详细，既有利于教师的教学指导，也符合学生的认知规律。

本书可作为各类院校机械制造及自动化、模具设计与制造、机电一体化及相关专业 CAD/CAE/CAM 课程教材，也适用于 UG 软件的初、中级用户培训和自学使用，还可作为从事产品设计、CAD 应用的工程技术人员的参考用书。

图书在版编目(CIP)数据

UG 三维造型实践教程/伍胜男，慕灿，张宗彩主编.
北京：化学工业出版社，2016.7 (2023.7 重印)
普通高等教育"十三五"规划教材
ISBN 978-7-122-27202-7

Ⅰ.①U… Ⅱ.①伍… ②慕… ③张… Ⅲ.①计算机辅助设计-应用软件-高等学校-教材 Ⅳ.①TP391.72

中国版本图书馆 CIP 数据核字（2016）第 120762 号

责任编辑：王听讲　　　　　　　　　　装帧设计：张　辉
责任校对：宋　夏

出版发行：化学工业出版社（北京市东城区青年湖南街 13 号　邮政编码 100011）
印　　装：北京虎彩文化传播有限公司
787mm×1092mm　1/16　印张 13¼　字数 354 千字　2023 年 7 月北京第 1 版第 5 次印刷

购书咨询：010-64518888　　　　　　　售后服务：010-64518899
网　　址：http：//www.cip.com.cn
凡购买本书，如有缺损质量问题，本社销售中心负责调换。

定　　价：39.00 元　　　　　　　　　　　　　　　　　　版权所有　违者必究

前　言

本书以 UG NX 8.0 软件中文版为平台，兼顾英文版，从产品造型的角度出发，根据 UG 软件三维实体造型的基本思路进行讲解和练习，按照从简单到复杂的顺序，通过精选实例和专项练习，使学生深入领会 UG NX 命令的应用，同时综合讲解和运用一些典型机械零件或部件的造型，使学生对所学知识融会贯通。

本书的内容编排以具体的操作实例为主线来展开，将软件知识点融入其中，面向常见的机械产品，注重实际应用。本书在讲解操作步骤时，强调解决问题的思路和操作技巧，培养学生的自主学习能力。同时，引导学生深刻领会软件精华，使学生学习后能举一反三，具备独立造型的能力，并为学生将来走上工作岗位后继续深入学习该软件打下良好基础。

本书共分五章，主要内容涵盖了草图设计、非曲面实体设计、曲面设计、装配设计和工程图设计五大部分，知识体系完整，操作步骤详细。本书各章都由 3～8 个典型实例和拓展练习题组成，每个实例又分为学习任务、学习目标、操作步骤三部分，中间穿插介绍操作技巧和注意事项。

本书主要适合各类院校机械设计与制造、机电一体化、模具设计与制造、数控技术及相关专业教学、培训使用，也适合软件开发、软件嵌入、软件网通专业等工科专业三维造型软件选修课教材，也可作为从事产品设计、CAD 应用的工程技术人员的参考练习用书。

我们将为使用本书的教师免费提供电子教案等教学资源，需要者可以到化学工业出版社教学资源网站 http://www.cipedu.com.cn 免费下载使用。

本书在三校老师的大力合作下，根据多年的教学和实践经验编写而成。由江西理工大学的伍胜男、阜阳职业技术学院的慕灿、朔州职业技术学院的张宗彩担任主编，江西理工大学吴晨刚和陈敏担任副主编，参加编写本书的人员还有阜阳职业技术学院许光彬、江西理工大学杨易琳等。

由于水平所限，书中如有不妥之处，欢迎大家批评指正，以便将来进一步修订完善。

编　者

2016 年 6 月

目 录

第一章 草图设计 ················· 1
  实例一 定位板设计 ············· 1
  实例二 密封垫片设计 ··········· 5
  实例三 连杆设计 ··············· 13
  实例四 卡槽设计 ··············· 18
  实例五 滑轨设计 ··············· 24
  实例六 机床挂轮架设计 ········· 28
  拓展练习题 ···················· 33

第二章 非曲面实体设计 ·········· 36
  实例一 连接头设计 ············· 36
  实例二 皮带轮设计 ············· 40
  实例三 传动轴设计 ············· 44
  实例四 支架设计 ··············· 50
  实例五 饮料瓶设计 ············· 57
  实例六 管接头设计 ············· 70
  实例七 齿轮设计 ··············· 76
  实例八 车轮设计 ··············· 82
  拓展练习题 ···················· 93

第三章 曲面设计 ················· 98
  实例一 橄榄球的设计 ··········· 98
  实例二 旋钮设计 ··············· 104
  实例三 鼠标设计 ··············· 113
  实例四 剃须刀设计 ············· 125
  拓展练习题 ···················· 143

第四章 装配设计 ················· 146
  实例一 千斤顶装配设计 ········· 146
  实例二 小脚轮装配设计 ········· 153
  实例三 摩托车车架装配设计 ····· 159
  拓展练习题 ···················· 175

第五章 工程图设计 ··············· 176
  实例一 A3 图样设计 ············ 176
  实例二 支架零件图设计 ········· 183
  实例三 蜗轮轴零件图设计 ······· 191
  拓展练习题 ···················· 205

参考文献 ························ 206

第一章 草图设计

实例一 定位板设计

【学习任务】

根据如图 1-1-1 所示图形尺寸绘制草图。

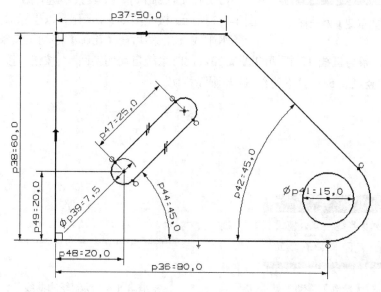

图 1-1-1 定位板草图

【学习目标】

① 能够使用草图工具中的轮廓、直线、圆等命令,绘制简单草图曲线;

② 能够使用草图工具中的几何约束命令,在草图曲线上添加共线、同心、等半径、点在线上等约束;

③ 能够使用草图工具中的尺寸标注命令,在草图曲线上添加尺寸约束;

④ 能够使用草图工具中的快速修剪命令,修剪或删除多余的草图曲线。

【操作步骤】

1. 新建文件

选择菜单中的【文件】(File)|【新建】(New)命令,或选择 ▢ (创建一个新的文件)按钮,系统出现【新建】对话框,在【名称】栏中输入【dwb】,在【单位】下拉框中选择【毫米】,单击 确定 按钮,创建一个文件名为 dwb.prt、单位为毫米的文件,并自动启动【建模】应用程序。

注意:正常安装情况下 UG8.0 仍不支持中文路径以及中文文件名,因此必须用英文字母或汉语拼音代替,否则系统会提示文件名无效。另外,文件在移动或复制时也要注意路径中不要有中文字符,否则系统会认为无效文件。

2. 草绘图形

（1）选择菜单中的【插入】（Insert）|【任务环境中的草图】（Sketch）命令，或单击【特征】工具条上 ![]（任务环境中的草图）按钮，系统弹出【创建草图】对话框，如图 1-1-2 所示；在【平面方法】下拉列表中选择【自动判断】，系统默认选择 X-Y 平面，单击 确定 按钮，进入草图绘制模式。

注意：系统会自动使视图方位朝向草图平面，并启动【轮廓】命令。

图 1-1-2 【创建草图】对话框

（2）在【轮廓】浮动工具条中选择 ![]（直线）按钮，如图 1-1-3 所示。按照图 1-1-4 所示，以坐标原点为起始点绘制一条水平线 12，然后在【轮廓】浮动工具条中选择 ![]（圆弧）按钮，绘制一条与直线 12 相切的圆弧 23，此时系统自动切换回 ![] 按钮，接着连续绘制斜线 34、水平线 45 和竖直线 51；注意直线 34 与圆弧相切。

图 1-1-3 【轮廓】浮动工具条

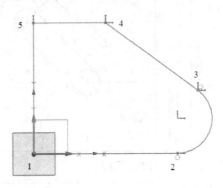

图 1-1-4 绘制轮廓曲线

技巧：当草图轮廓曲线构成比较简单时，可使用【轮廓】命令连续绘制出来，绘制时曲线长度、圆弧半径和相对位置越与实际样图接近，后续添加约束越容易。

（3）添加几何约束。在【草图工具】工具条中选择 ![]（约束）按钮，在草图中选择 12 与 X 轴，草图左上角出现【约束】浮动工具条，在其中选择 ![]（共线）按钮，约束其共线，如图 1-1-5 所示；同样的方法约束直线 51 与 Y 轴共线，约束结果如图 1-1-6 所示。在【草图工具】工具条上，单击 ![]（显示所有约束）按钮，使图形中的约束显示出来。

图 1-1-5 【约束】工具条

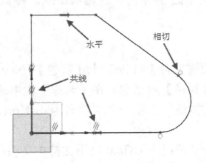

图 1-1-6 添加几何约束草图

注意： 选择不同形状、不同位置的草图曲线，系统显示的约束命令按钮也会不同。

（4）添加尺寸约束。在【草图工具】工具条中选择 （自动判断尺寸）按钮，按照图1-1-7所示的尺寸进行标注，p0=80，p1=50，p2=60，p3=45，此时草图曲线全部转换成绿色，表示已经完全约束。

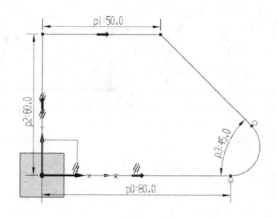

图1-1-7　添加尺寸约束

（5）绘制剩余部分曲线。在【草图工具】工具条中选择 ○（圆）按钮，在【圆】浮动工具条中，选择 ⊙（圆心和直径定圆）按钮，如图1-1-8所示；按照图1-1-9所示绘制3个圆，注意三个圆的位置与图样相近。

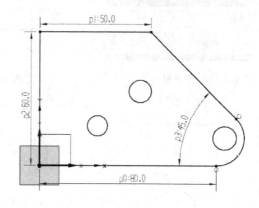

图1-1-8　【圆】工具条　　　　　图1-1-9　绘制三个圆

（6）在【草图工具】工具条中选择 ／（直线）按钮，在【捕捉点】工具条中选择 ／（点在曲线上）按钮，然后选择两段圆弧，按照图1-1-10所示绘制一条公切线；同样选择另一侧圆弧，绘制另一条公切线，如图1-1-11所示。

（7）添加几何约束。在【草图工具】工具条中选择 （约束）按钮，在草图中选择圆1和2，草图左上角出现【约束】浮动工具条，在其中选择 ≈（等半径）按钮，约束其半径相等；选取圆3和圆弧，在【约束】浮动工具条中选择 ◎（同心）按钮，约束其同心，如图1-1-12所示。在【草图工具】工具条上，单击 （显示所有约束）按钮，使图形中的约束显示出来，如图1-1-13所示。

（8）修剪多余曲线。在【草图工具】工具条中选择 （快速修剪）按钮，然后在图中选择图1-1-14所示的曲线，修剪结果如图1-1-15所示。

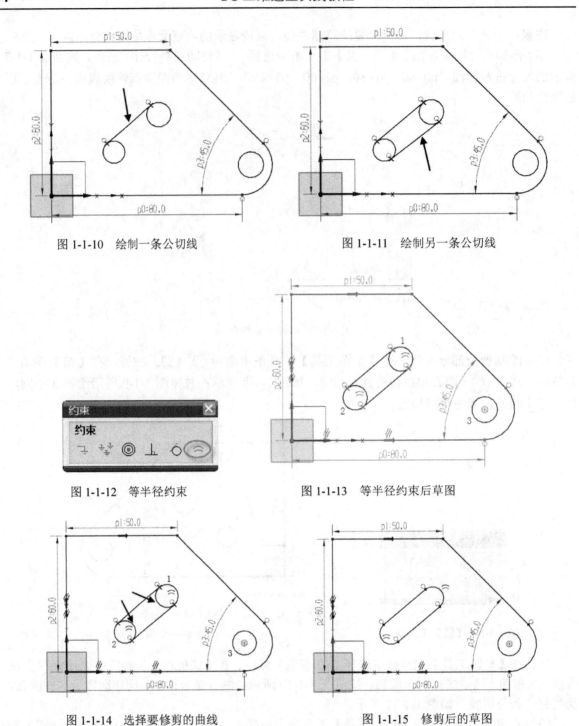

图 1-1-10　绘制一条公切线　　　　图 1-1-11　绘制另一条公切线

图 1-1-12　等半径约束　　　　图 1-1-13　等半径约束后草图

图 1-1-14　选择要修剪的曲线　　　　图 1-1-15　修剪后的草图

（9）添加尺寸约束。在【草图工具】工具条中选择 按钮，按照图 1-1-16 所示的尺寸进行标注，p4=20，p5=20，p6=25，Rp7=7.5，p8=45，ϕp9=15，此时草图曲线全部转换成绿色，表示已经完全约束。

注意：标注尺寸 p4=20、p5=20 时，光标须在圆弧圆心处单击。

（10）完成草图。在【草图工具】工具条中选择 按钮，系统回到建模界面。截面图形如图 1-1-17 所示。

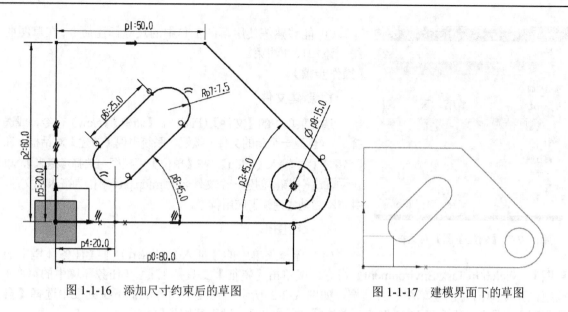

图 1-1-16　添加尺寸约束后的草图　　　　图 1-1-17　建模界面下的草图

3. 保存文件

单击【标准】工具条上的 ▨ （保存）按钮。

实例二　密封垫片设计

【学习任务】

根据如图 1-2-1 所示图形尺寸绘制草图。

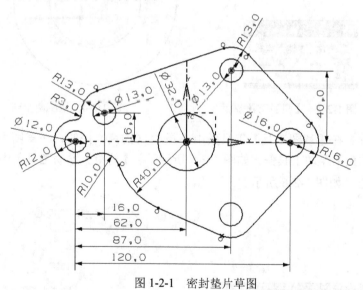

图 1-2-1　密封垫片草图

【学习目标】

① 了解绘制一般草图曲线的方法和技巧；

② 能够使用草图工具中的几何约束命令，在草图曲线上添加同心、等半径、点在线上、相切等约束，掌握草图工具中镜像曲线命令的使用方法；

③ 能够熟练使用草图工具中的尺寸标注命令,在草图曲线上添加尺寸约束。

【操作步骤】

1. 新建文件

选择菜单中的【文件】(File)|【新建】(New)命令,或选择 ▢(创建一个新的文件)按钮,系统出现【新建】对话框,在【名称】栏中输入【mfdp】,在【单位】下拉框中选择【毫米】,单击 确定 按钮,创建一个文件名为 mfdp.prt、单位为毫米的文件,并自动启动【建模】应用程序。

图 1-2-2 【创建草图】对话框

2. 草绘图形

(1) 选择菜单中的【插入】(Insert)|【任务环境中的草图】(Sketch in Task Environment) 命令,或单击【特征】工具条上 ▯(任务环境中的草图)按钮,系统弹出【创建草图】对话框,如图 1-2-2 所示;在【平面方法】下拉列表中选择【自动判断】,系统默认选择 X-Y 平面,单击 确定 按钮,进入草图绘制模式。

(2) 在【草图工具】工具条中选择 ○(圆)按钮,在【圆】浮动工具条中选择 ⊙(圆心和直径定圆)按钮,如图 1-2-3 所示;按照图 1-2-4 所示在坐标原点附近绘制两个圆。

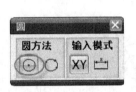

图 1-2-3 【圆】工具条

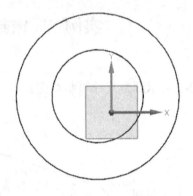

图 1-2-4 绘制两个圆

(3) 添加约束。在【草图工具】工具条中选择 ⊿(约束)按钮,在草图中选择两个圆,草图左上角出现【约束】浮动工具条,如图 1-2-5 所示;在【约束】浮动工具条中选择 ◎(同心)按钮,约束其同心,如图 1-2-6 所示。

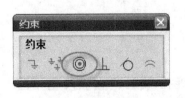

图 1-2-5 等半径约束

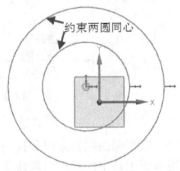

图 1-2-6 约束两圆同心

继续添加约束。在图中选择两圆的圆心,再选择 Y 基准轴,约束点(圆心)在曲线(此处为 Y 轴)上,如图 1-2-7 所示;草图左上角出现【约束】浮动工具条,在其中选择 ↑(点在曲线上)按钮,约束结果如图 1-2-8 所示;在图中选择两圆的圆心,再选择 X 基准轴,约束点(圆心)在曲线(此处为 X 轴)上,如图 1-2-9 所示;草图左上角出现【约束】浮动工具条,在其中选择 ↑(点在曲线上)按钮,约束结果如图 1-2-10 所示。

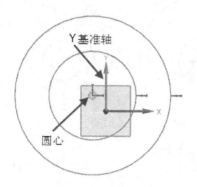
图 1-2-7　选取圆心和 Y 基准轴

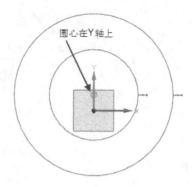
图 1-2-8　约束点在 Y 轴上

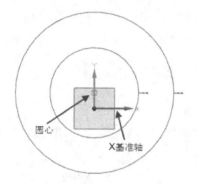
图 1-2-9　选取圆心和 Y 基准轴

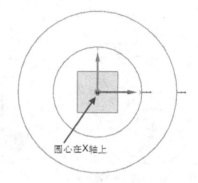
图 1-2-10　约束点在 X 轴上

技巧:在绘制草图时适当选择一个参考点,并约束其与坐标原点重合,可使草图约束思路清晰,加快草图完全约束的速度,初学者应认真体会。

(4)添加尺寸约束。在【草图工具】工具条中选择 ↗(自动判断尺寸)按钮,按照图 1-2-11 所示的尺寸进行标注,p0=80,p1=32,此时草图曲线全部转换成绿色,表示已经完全约束。

(5)在【草图工具】工具条中选择 ○(圆)按钮,在【圆】浮动工具条中选择 ⊙(圆心和直径定圆)按钮,按照图 1-2-12 所示绘制 8 个圆,注意圆 1 和 2、圆 3 和 4、圆 5 和 6、圆 7 和 8 均为同心圆,且半径与图样尺寸接近。

(6)添加几何约束。在【草图工具】工具条中选择 ⊿(约束)按钮,在草图中选择圆 1 和 2,在【约束】浮动工具条中选择 ◎(同心)按钮,约束其同心,同样约束圆 3 和 4 同心、圆 5 和 6 同心、圆 7 和 8 同心;接着在图中选择圆 1、2 的圆心,再选择 X 基准轴,在【约束】浮动工具条中选择 ↑(点在曲线上)按钮,同样约束圆 7、8 的圆心在 X 轴上,结果如图 1-2-13 所示。

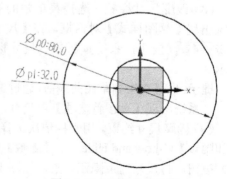
图 1-2-11　添加尺寸约束

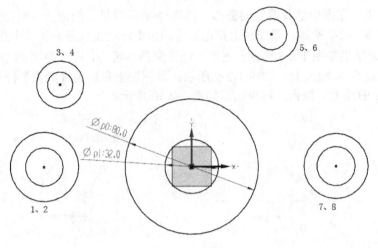

图 1-2-12 绘制 8 个圆

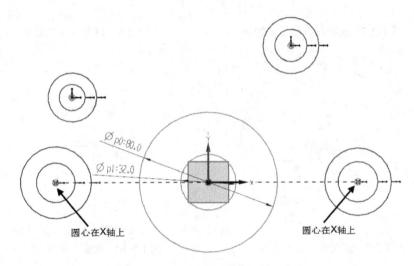

图 1-2-13 约束同心及圆心在 X 轴上

（7）添加尺寸约束。在【草图工具】工具条中选择 （自动判断尺寸）按钮，按照图 1-2-14 所示的尺寸进行标注，$\phi p2=20$，$\phi p3=24$，$\phi p4=13$，$\phi p5=26$，$\phi p6=13$，$\phi p7=26$，$\phi p8=16$，$\phi p9=32$，p10=16，p11=16，p12=62，p13=87，p14=120，p15=40，此时草图曲线全部转换成绿色，表示已经完全约束。

（8）改变尺寸标签。选择菜单中的【任务】（Task）|【草图样式】（Sketch Style）命令，系统出现【草图样式】对话框，在【尺寸标签】下拉列表栏中选择【值】，如图 1-2-15 所示，单击 确定 按钮，系统重新显示尺寸标签样式，手动适当调整尺寸位置后效果如图 1-2-16 所示。

提示：也可在绘制草图曲线前，通过选择菜单中的【首选项】（Preference）|【草图】（Sketch）命令，系统出现【草图首选项】对话框，在其中【草图样式】页面中进行设置。

（9）隐藏尺寸约束。用光标依次选择所有尺寸约束，再选择菜单中的【编辑】（Edit）|【显示和隐藏】（Show and Hide）|【隐藏】（Hide）命令，或单击【实用工具】工具条中的 （隐藏）按钮，将尺寸约束隐藏起来，如图 1-2-17 所示。

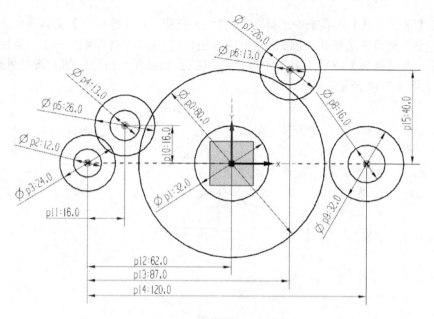

图 1-2-14　添加尺寸约束

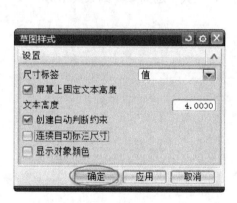

图 1-2-15　【草图样式】对话框

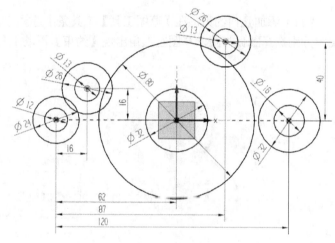

图 1-2-16　改变草图尺寸标签效果

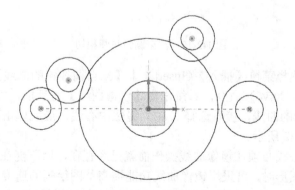

图 1-2-17　隐藏尺寸约束后效果

(10) 在【草图工具】工具条中选择 ╱（直线）按钮,在【捕捉点】工具条中选择 ╱（点在曲线上）按钮,然后各选择两段圆弧,绘制两条公切线;然后在【草图工具】工具条中选择 ⌒（圆弧）按钮,在【圆弧】浮动工具条中选择 ⌒（三点定圆弧）按钮绘制一条与两圆均相切的圆弧,结果如图 1-2-18 所示。

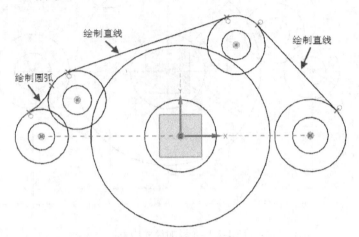

图 1-2-18　绘制直线和圆弧

(11) 添加几何约束。在【草图工具】工具条中选择 ⊿（约束）按钮,如图 1-2-19 所示,在草图中分别选择圆弧与圆,草图左上角出现【约束】浮动工具条,在其中选择 ○,约束其相切。

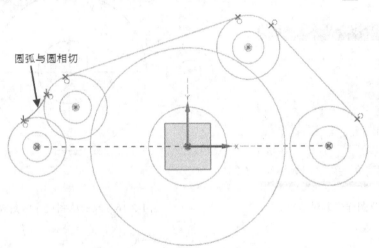

图 1-2-19　约束圆弧与圆相切

(12) 镜像曲线。选择菜单【插入】(Insert) |【来自曲线集的曲线】(Curve from Curves) |【镜像曲线】(Mirror Curve) 命令,系统出现【镜像曲线】对话框,如图 1-2-20 所示。在图形中选择图 1-2-21 所示的曲线,接着选择 X 轴为镜像中心线,最后单击 确定 按钮,完成镜像曲线操作,如图 1-2-22 所示。

注意：① 镜像中心线必须在镜像曲线操作前就已经存在,而不能在镜像操作中绘制。

② 草图是轴对称图形时,可采用镜像曲线功能提高草图绘制的速度,先用【草图工具】曲线命令绘制出对称图形的一半,然后再应用镜像曲线功能得到图形的另一半,系统自动添加镜像约束,将镜像得到的曲线添加上相同的约束。

图 1-2-20 【镜像曲线】对话框

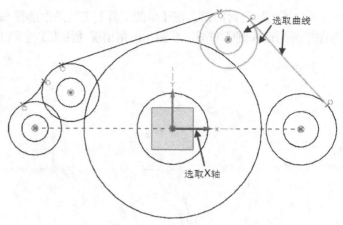

图 1-2-21 选择曲线和中心线

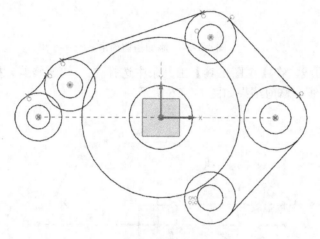

图 1-2-22 镜像曲线结果

（13）在【草图工具】工具条中选择 ╱ （直线）按钮，在捕捉点工具条中选择 ╱ （点在曲线上）按钮，然后选择两段圆弧，绘制一条公切线；在【草图工具】工具条中选择 ⌒ （圆弧）按钮，在【圆弧】浮动工具条中选择 ⌒ （三点定圆弧）按钮，绘制一条与两圆均相切的圆弧，结果如图 1-2-23 所示。

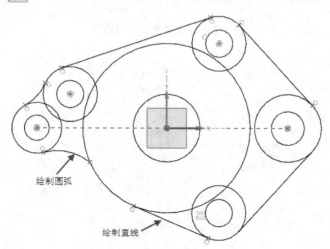

图 1-2-23 绘制直线和圆弧

（14）添加几何约束。在【草图工具】工具条中选择 ✓（约束）按钮，如图 1-2-24 所示，在草图中分别选择圆弧与圆，草图左上角出现【约束】浮动工具条，在其中选择 ○，约束其相切。

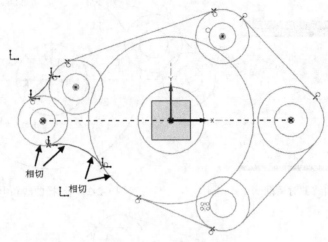

图 1-2-24　添加相切约束

（15）修剪多余曲线。在【草图工具】工具条中选择 ✗（快速修剪）按钮，然后在图中选择图 1-2-25 所示的曲线，修剪结果如图 1-2-26 所示。

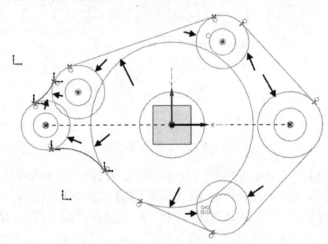

图 1-2-25　选取要修剪的曲线

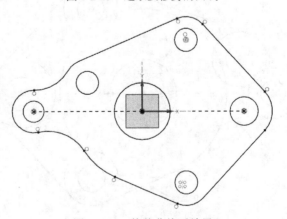

图 1-2-26　修剪曲线后结果

(16)添加尺寸约束。在【草图工具】工具条中选择 （自动判断尺寸）按钮，按照图 1-2-27 所示的尺寸进行标注，此时草图曲线全部转换成绿色，表示已经完全约束。

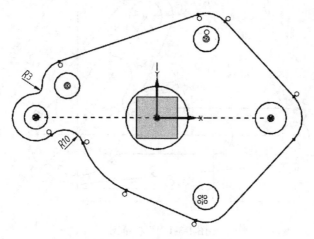

图 1-2-27 标注圆弧半径

(17)隐藏尺寸约束。用光标依次选择上一步的尺寸约束，再选择菜单中的【编辑】(Edit) |【显示和隐藏】(Show and Hide) |【隐藏】(Hide) 命令，或单击【实用工具】工具条中的 （隐藏）按钮，将尺寸约束隐藏起来，最终完成的草图如图 1-2-28 所示。

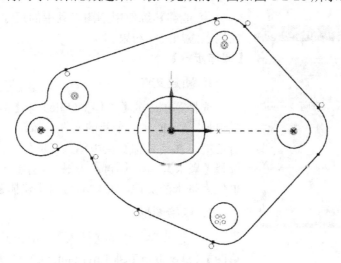

图 1-2-28 完成后的草图

(18)完成草图。在【草图工具】工具条中选择 完成草图 按钮，系统回到建模界面。

3. 保存文件

单击【标准】工具条上的 （保存）按钮。

实例三 连杆设计

【学习任务】

根据如图 1-3-1 所示图形尺寸绘制草图。

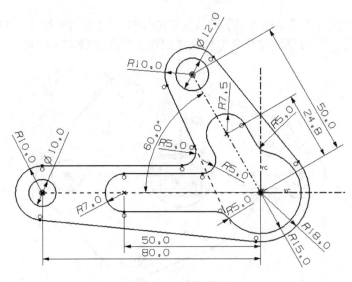

图 1-3-1 连杆草图

【学习目标】

① 掌握草图工具中圆角、转换至/自参考对象等命令的使用方法；

② 能够使用草图工具中的几何约束命令，在草图曲线上添加同心、重合、点在线上、相切等约束；

③ 能够熟练使用草图工具中的尺寸标注命令，在草图曲线上添加尺寸约束。

【操作步骤】

1. 新建文件

选择菜单中的【文件】（File）|【新建】（New）命令，或选择 （创建一个新的文件）按钮，系统出现【新建】对话框，在【名称】栏中输入【lg】，在【单位】下拉框中选择【毫米】，单击 确定 按钮，创建一个文件名为 lg.prt、单位为毫米的文件，并自动启动【建模】应用程序。

2. 草绘图形

（1）选择菜单中的【插入】（Insert）|【任务环境中的草图】（Sketch in Task Environment）命令，或单击【特征】工具条上 （任务环境中的草图）按钮，系统弹出【创建草图】对话框，如图 1-3-2 所示；在【平面方法】下拉列表中选择【自动判断】，系统默认选择 X-Y 平面，单击 确定 按钮，进入草图绘制模式。

图 1-3-2 【创建草图】对话框

（2）在【草图工具】工具条中选择 （直线）按钮，按照图 1-3-3 所示绘制辅助直线。

（3）添加约束。在【草图工具】工具条中选择 （约束）按钮，在草图中选择直线的下端点与 X 轴，如图 1-3-4 所示；草图左上角出现【约束】浮动工具条，在其中选择 （点在曲线上）按钮，再选择选择直线的下端点与 Y 基准轴，约束点在曲线上，如图 1-3-4 所示；草图左上角出现【约束】浮动工具条，在其中选择 （点在曲线上）按钮，约束结果如图 1-3-5 所示。

技巧：绘制该直线时，也可直接捕捉位于坐标原点处的基准点，这样，该步约束可省去。

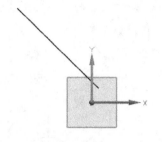 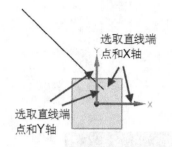

图 1-3-3　绘制辅助直线　　　　　图 1-3-4　选取直线端点和基准轴

（4）在【草图工具】工具条中选择 (转换至/自参考对象) 按钮，系统出现【转换至/自参考对象】对话框，如图 1-3-6 所示；在草图中选取直线，在对话框中单击 确定 按钮，完成转换如图 1-3-7 所示。

（5）添加尺寸约束。在【草图工具】工具条中选择 (自动判断尺寸) 按钮，按照图 1-3-8 所示的尺寸进行标注，p0=50，p1=60，此时草图曲线全部转换成绿色，表示已经完全约束。

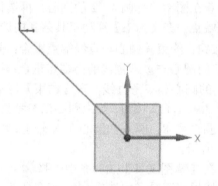 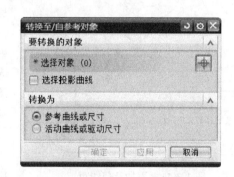

图 1-3-5　约束直线端点在 X 和 Y 轴上　　　　　图 1-3-6　【转换至/自参考对象】对话框

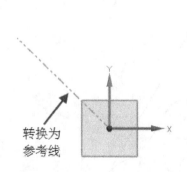 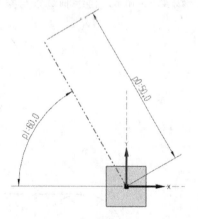

图 1-3-7　直线转换为参考对象　　　　　图 1-3-8　添加尺寸约束

（6）在【草图工具】工具条中选择 (圆) 按钮，在【圆】浮动工具条中选择 (圆心和直径定圆) 按钮，如图 1-3-9 所示；按照图 1-3-10 所示绘制 8 个圆。注意 1 和 2、4 和 5、7 和 8 均为同心圆，位置和大小比例与样图相近。

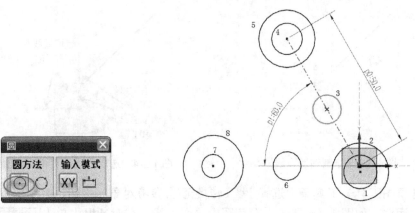

图 1-3-9 【圆】工具条　　　　图 1-3-10 绘制 8 个圆

（7）添加几何约束。在【草图工具】工具条中选择 ⊥（约束）按钮，在草图中选择圆 1 和 2，在【约束】浮动工具条中选择 ◎（同心）按钮，约束其同心，同样约束圆 4 和 5 同心、圆 7 和 8 同心；接着在图中选择圆 1、2 的圆心，再选择参考直线的下端点，在【约束】浮动工具条其中选择 ⊺（重合）按钮，约束其圆心与直线端点重合；同样约束圆 4、5 的圆心与参考直线的上端点重合；接下来选取圆 3 的圆心和参考直线，在【约束】浮动工具条中选择 ⊺（重合）按钮，约束圆心在参考直线上，同样约束圆 7 和 8、圆 6 的圆心在 X 轴上，结果如图 1-3-11 所示。

（8）在【草图工具】工具条中选择 ／（直线）按钮，在捕捉点工具条中选择 ／（点在曲线上）按钮，如图 1-3-12 所示绘制 3 条公切线 1、2 和 3，绘制 3 条水平线 4、5 和 6，再绘制 2 条与参考直线平行的直线 7 和 8，结果如图 1-3-12 所示。

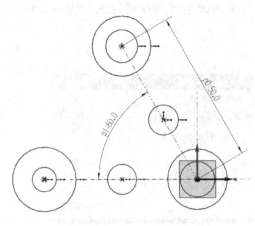

图 1-3-11 添加几何约束

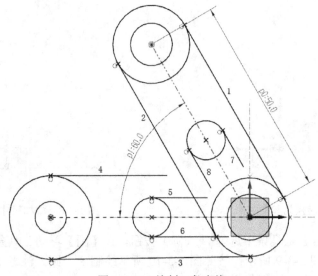

图 1-3-12 绘制 8 条直线

注意：在【草图工具】工具条中的 (创建自动判断的约束) 按钮在默认为开启状态，此时草图生成器会将绘制草图过程中捕捉到的约束保留下来，使相关的草图对象保持相应的约束关系。

（9）修剪多余曲线。在【草图工具】工具条中选择 (快速修剪) 按钮，然后在图中选择不要的曲线，修剪结果如图 1-3-13 所示。

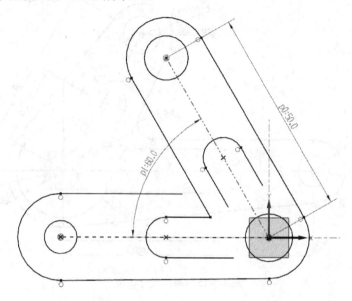

图 1-3-13 修剪多余曲线

注意：在修剪时，绘图过程中由自动判断添加的约束有可能被删除，后续约束时需留意检查。

（10）绘制圆角。在【草图工具】工具条中选择 (圆角) 按钮，在【创建圆角】浮动工具条中选择 (修剪) 按钮绘制 4 个圆角，结果如图 1-3-14 所示。

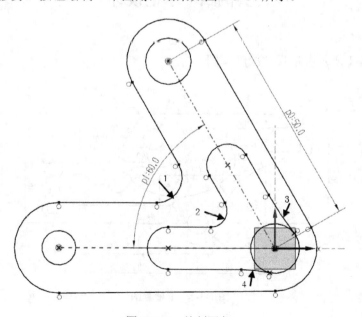

图 1-3-14 绘制圆角

（11）添加尺寸约束。在【草图工具】工具条中选择 ![icon]（自动判断尺寸）按钮，按照图 1-3-15 所示的尺寸进行标注，p2=50，p3=80，Rp4=10，ϕp5=10，Rp6=18，p7=24.8，Rp8=15，Rp9=7，Rp10=10，ϕp11=12，Rp12=7.5，Rp13=5，Rp14=5，Rp15=5，Rp16=5，此时草图曲线全部转换成绿色，表示已经完全约束。

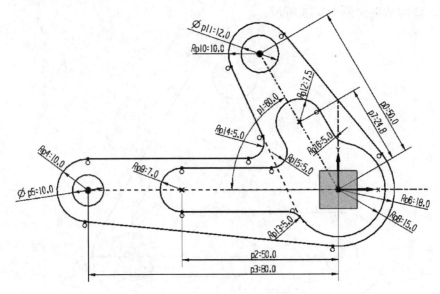

图 1-3-15　添加尺寸约束

（12）完成草图。在【草图工具】工具条中选择 ![icon] 完成草图 按钮，系统回到建模界面。

3. 保存文件

单击【标准】工具条上的 ![icon] （保存）按钮。

实例四　卡槽设计

【学习任务】

根据如图 1-4-1 所示图形尺寸绘制草图。

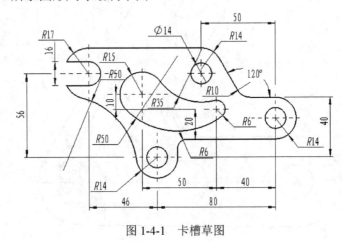

图 1-4-1　卡槽草图

【学习目标】
① 掌握绘制较复杂草图曲线的方法和技巧；
② 能够使用草图工具中的几何约束命令，在草图曲线上添加同心、等半径、点在线上、相切等约束；
③ 能够熟练使用草图工具中的尺寸标注命令，在草图曲线上添加尺寸约束。

【操作步骤】

1. 新建文件

选择菜单中的【文件】(File) | 【新建】(New) 命令，或选择 ▢ （创建一个新的文件）按钮，系统出现【新建】对话框，在【名称】栏中输入【kc】，在【单位】下拉框中选择【毫米】，单击 确定 按钮，创建一个文件名为 kc.prt、单位为毫米的文件，并自动启动【建模】应用程序。

2. 草绘图形

（1）选择菜单中的【插入】(Insert) | 【任务环境中的草图】(Sketch in Task Environment) 命令，或单击【特征】工具条上 ▢ （任务环境中的草图）按钮，系统弹出【创建草图】对话框，如图 1-4-2 所示；在【平面方法】下拉列表中选择【自动判断】，系统默认选择 X-Y 平面，单击 确定 按钮，进入草图绘制模式。

图 1-4-2 【创建草图】对话框

（2）在【草图工具】工具条中选择 ○ （圆）按钮，在【圆】浮动工具条中选择 ⊙ （圆心和直径定圆）按钮，按照图 1-4-3 所示绘制 6 个圆。注意 6 个圆的位置和大小比例与样图相近。

（3）添加约束。在【草图工具】工具条中选择 ⫽ （约束）按钮，在草图中选择圆 1 的圆心与 X 轴，草图左上角出现【约束】浮动工具条，在其中选择 ↑ （点在曲线上）按钮，再次选择选择圆 1 的圆心与 Y 基准轴，约束点在曲线上；依次选取圆 1、2 和 4，草图左上角出现【约束】浮动工具条，在其中选择 ≋ （等半径）按钮，约束结果如图 1-4-4 所示。

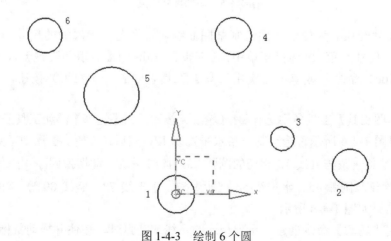

图 1-4-3 绘制 6 个圆

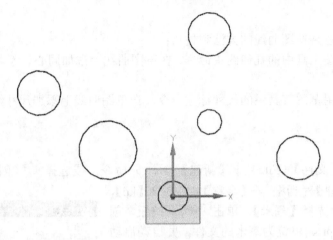

图 1-4-4　添加几何约束

（4）添加尺寸约束。在【草图工具】工具条中选择 （自动判断尺寸）按钮，按照图 1-4-5 所示的尺寸进行标注，p0=56，p1=80，p2=50，p3=40，p4=46，p5=50，p6=10，ϕp7=14，ϕp8=16，ϕp9=30，p10=56，此时草图曲线没有全部转换成绿色，表示还欠约束，因为还有 3 个圆的位置需通过其他草图曲线间接定位。

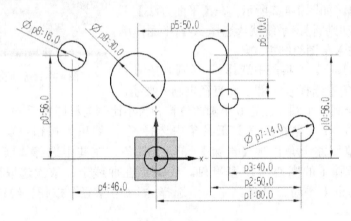

图 1-4-5　添加尺寸约束

（5）隐藏尺寸约束。为便于下面绘制草图曲线，先将上一步添加的尺寸约束隐藏。用光标依次选择所有尺寸约束，再选择菜单中的【编辑】（Edit）|【显示和隐藏】（Show and Hide）|【隐藏】（Hide）命令，或单击【实用工具】工具条中的 （隐藏）按钮，将尺寸约束隐藏起来。

（6）在【草图工具】工具条中选择 （轮廓）按钮，在【轮廓】浮动工具条中选择 （直线）按钮，按照图 1-4-6 所示首选绘制一条水平直线 12，然后在【轮廓】浮动工具条中选择 （圆弧）按钮，绘制一条与直线 12 相切的圆弧 23，此时系统自动切换回 按钮，接着绘制斜线 34；同上依次绘制圆弧 45、水平线 56、圆弧 67、水平线 78、竖线 89 等。注意直线圆弧间的相切关系。结果如图 1-4-6 所示。

技巧：使用【轮廓】命令创建一系列相连的直线或圆弧时，按住并拖动鼠标左键，即可从创建直线转换为创建圆弧，也可从一个圆弧过渡到另一个圆弧。

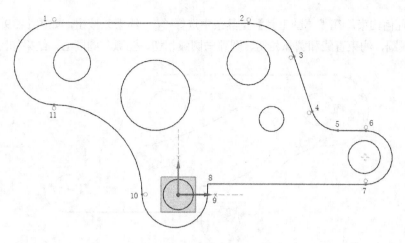

图 1-4-6　绘制直线和圆弧

（7）继续绘制草图曲线。在【草图工具】工具条中选择 按钮，在【圆弧】浮动工具条中选择 按钮，绘制两条与两圆均相切的圆弧，结果如图 1-4-7 所示。

注意：绘制圆弧时应在与两圆相切的大致位置捕捉点。

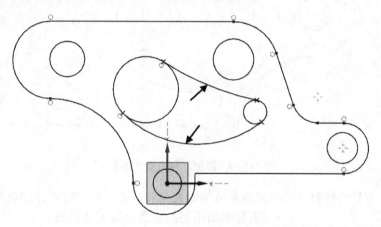

图 1-4-7　绘制圆弧曲线

（8）修剪多余曲线。在【草图工具】工具条中选择 按钮，然后在图中选择不要的曲线，修剪结果如图 1-4-8 所示。

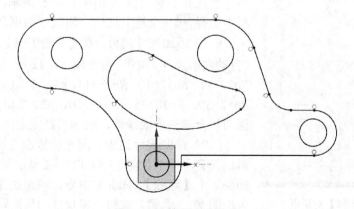

图 1-4-8　修剪多余曲线

（9）添加几何约束。在【草图工具】工具条中选择 （约束）按钮，如图 1-4-9 所示，分别选择直线、圆弧或圆，约束直线和圆弧相切、圆弧与圆弧相切、圆弧与圆同心，结果如图 1-4-10 所示。

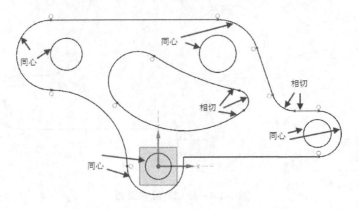

图 1-4-9　选取直线、圆弧和圆添加几何约束

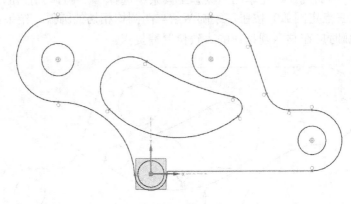

图 1-4-10　添加几何约束后结果

注意：此处需要添加的几何约束数量可能因人而异，实际操作时需仔细观察，凡是曲线间需要添加相切约束之处均不可遗漏。

（10）显示尺寸约束。选择菜单中的【编辑】（Edit）|【显示和隐藏】（Show and Hide）|【显示】（Show）命令，或单击【实用工具】工具条中的 （显示）按钮，系统弹出【类选择】对话框，如图 1-4-11 所示，在其中【对象】栏中选择 （全选）按钮，将尺寸约束全部显示出来。

（11）添加尺寸约束。在【草图工具】工具条中选择 （自动判断尺寸）按钮，按照图 1-4-12 所示的尺寸进行标注，$Rp20=11$，$Rp12=10$，$Rp13=14$，$p14=40$，$p15=120$，$Rp16=14$，$Rp17=50$，$Rp18=35$，$Rp19=50$，$p20=20$，$Rp21=6$，此时草图曲线全部转换成绿色，表示已经完全约束。

（12）隐藏尺寸约束。用光标依次选择所有尺寸约束，再选择菜单中的【编辑】（Edit）|【显示和隐藏】（Show and Hide）|【隐藏】（Hide）命令，或单击【实用工具】工具条中的 （隐藏）按钮，将尺寸约束隐藏起来。

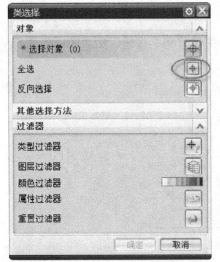

图 1-4-11　【类选择】对话框

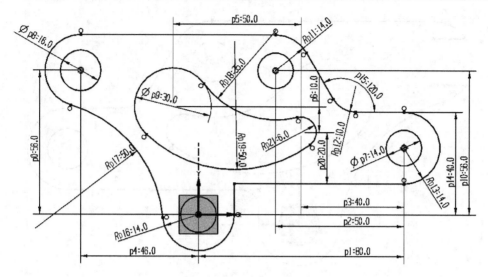

图 1-4-12　添加尺寸约束

（13）在【草图工具】工具条中选择 ✏（直线）按钮，在捕捉点工具条中选择 ✏（点在曲线上）按钮，如图 1-4-13 所示绘制 2 条水平线；接着在【草图工具】工具条中选择 ⌐（圆角）按钮，在【创建圆角】浮动工具条中选择 ⌐（修剪）按钮，选取两直线并绘制 1 个圆角，结果如图 1-4-13 所示。

技巧：草图中细节之处可放到主要曲线完全约束后再处理。

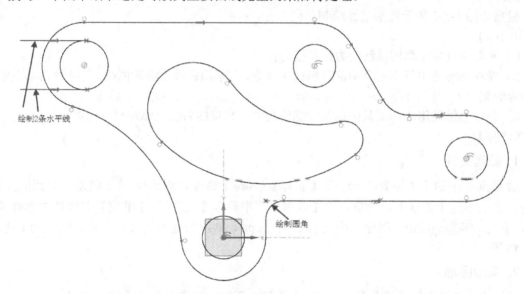

图 1-4-13　绘制直线和圆角

（14）修剪多余曲线并标注圆角半径。在【草图工具】工具条中选择 ✂（快速修剪）按钮，然后在图中选择不要的曲线；接着在【草图工具】工具条中选择 ⊢（自动判断尺寸）按钮，标注上一步绘制的圆角半径 $Rp22=6$，结果如图 1-4-14 所示。

（15）完成草图。在【草图工具】工具条中选择 ✦完成草图 按钮，系统回到建模界面。

3. 保存文件

单击【标准】工具条上的 💾（保存）按钮。

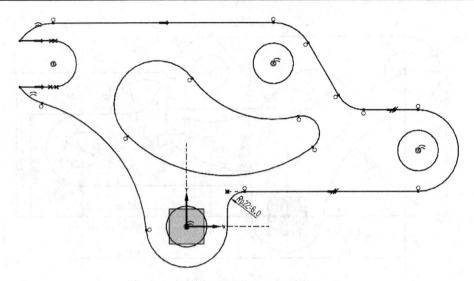

图 1-4-14 修剪多余曲线、标注圆角半径

实例五 滑轨设计

【学习任务】

根据如图 1-5-1 所示图形尺寸绘制草图。

【学习目标】

① 掌握绘制复杂草图曲线的方法和技巧；

② 能够熟练使用草图工具中的几何约束命令，在草图曲线上添加同心、等半径、点在线上、相切等约束；

③ 能够熟练使用草图工具中的尺寸标注命令，在草图曲线上添加尺寸约束。

【操作步骤】

1. 新建文件

选择菜单中的【文件】（File）|【新建】（New）命令，或选择 □（创建一个新的文件）按钮，系统出现【新建】对话框，在【名称】栏中输入【hg】，在【单位】下拉框中选择【毫米】，单击 确定 按钮，创建一个文件名为 hg.prt、单位为毫米的文件，并自动启动【建模】应用程序。

2. 草绘图形

（1）选择菜单中的【插入】（Insert）|【任务环境中的草图】（Sketch in Task Environment）命令，或单击【特征】工具条上 （任务环境中的草图）按钮，系统弹出【创建草图】对话框，如图 1-5-2 所示；在【平面方法】下拉列表中选择【自动判断】，系统默认选择 X-Y 平面，单击 确定 按钮，进入草图绘制模式。

（2）在【草图工具】工具条中选择 （直线）按钮，绘制一条过坐标原点的直线；然后在【草图工具】工具条中选择 （圆弧）按钮，在【圆弧】浮动工具条中选择 （中心和端点定圆弧）按钮，以坐标原点为圆心，以直线的下面端点为其中一个端点，绘制一条圆弧，结果如图 1-5-3 所示。

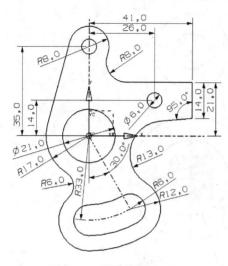

图 1-5-1 滑轨草图

图 1-5-2 【创建草图】对话框

(3) 添加约束。在【草图工具】工具条中选择 ⊥（约束）按钮，在草图中选择圆弧的左端点与 Y 轴，草图左上角出现【约束】浮动工具条，在其中选择 ↑（点在曲线上）按钮，约束点在曲线上，结果如图 1-5-4 所示。

(4) 添加尺寸约束。在【草图工具】工具条中选择 ⊿（自动判断尺寸）按钮，按照图 1-5-5 所示的尺寸进行标注，$Rp0=33$，$p1=30$。此时草图曲线全部转换成绿色，表示已经完全约束。

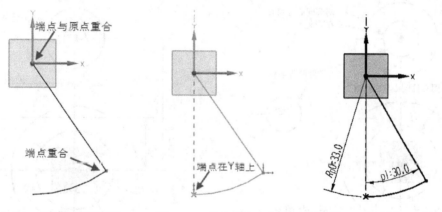

图 1-5-3 绘制直线和圆弧　　图 1-5-4 约束点在 Y 轴上　　图 1-5-5 添加尺寸约束

(5) 在【草图工具】工具条中选择 ▨（转换至/自参考对象）按钮，系统出现【转换至/自参考对象】对话框，在草图中选取直线和圆弧，在对话框中单击 确定 按钮，完成转换如图 1-5-6 所示。

(6) 在【草图工具】工具条中选择 ○（圆）按钮，在【圆】浮动工具条中选择 ⊙（圆心和直径定圆）按钮，按照图 1-5-7 所示绘制 9 个圆。注意 9 个圆的位置和大小比例与样图相近。

(7) 添加几何约束。在【草图工具】工具条中选择 ⊥（约束）按钮，如图 1-5-8 所示添加同心、等半径、点在曲线上和重合等约束。

(8) 添加尺寸约束。在【草图工具】工具条中选择 ⊿（自动判断尺寸）按钮，按照图 1-5-9 所示的尺寸进行标注，$\phi p11=6$，$\phi p12=16$，$\phi p13=12$，$\phi p14=24$，$\phi p15=34$，$\phi p16=21$，$p17=35$，$p18=26$，$p19=14$，此时草图曲线全部转换成绿色，表示已经完全约束。

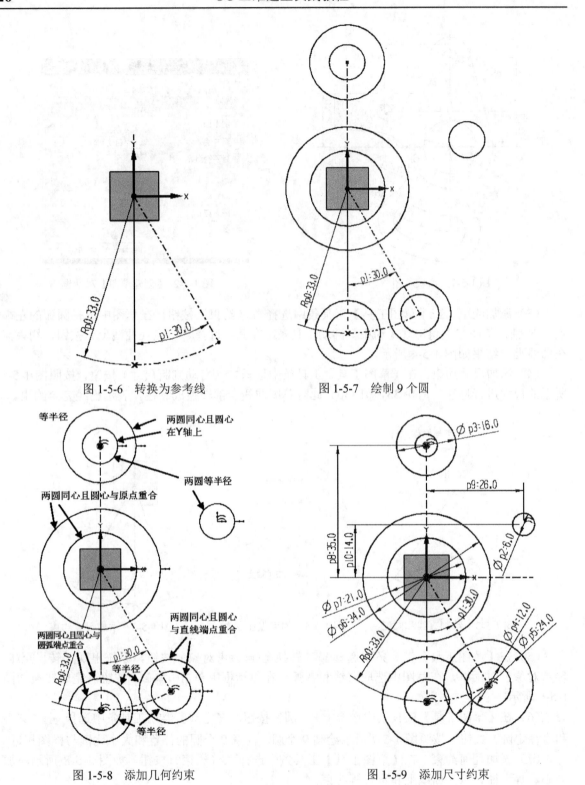

图 1-5-6 转换为参考线 图 1-5-7 绘制 9 个圆

图 1-5-8 添加几何约束 图 1-5-9 添加尺寸约束

（9）隐藏尺寸约束。为便于下面绘制草图曲线，先将上一步添加的尺寸约束隐藏。用光标依次选择所有尺寸约束，再选择菜单中的【编辑】（Edit）|【显示和隐藏】（Show and Hide）|【隐藏】（Hide），或单击【实用工具】工具条中的 （隐藏）按钮，将尺寸约束隐藏起来。

（10）在【草图工具】工具条中选择 ✎（直线）按钮，如图 1-5-10 所示，绘制 1 条与两圆相切的直线和 1 条折线。

（11）添加尺寸约束。在【草图工具】工具条中选择 ⌖（自动判断尺寸）按钮，按照图 1-5-11 所示的尺寸进行标注，p11=41，p12=21，p13=95，p14=14。

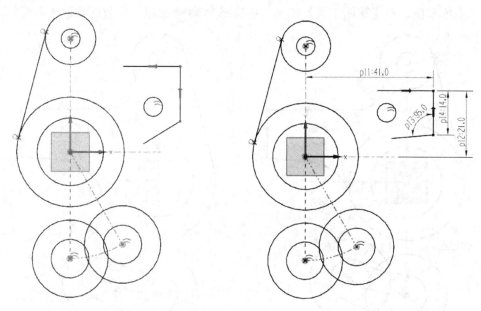

图 1-5-10　绘制直线和折线　　　　　　图 1-5-11　添加尺寸约束

（12）在【草图工具】工具条中选择 ⌒（圆弧）按钮，在【圆弧】浮动工具条中选择 ⌒（三点定圆弧）按钮，如图 1-5-12 所示绘制 6 段圆弧。

（13）添加几何约束。在【草图工具】工具条中选择 ⫽（约束）按钮，如图 1-5-13 所示添加同心、相切等约束。

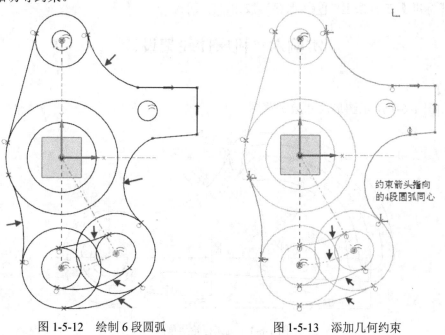

图 1-5-12　绘制 6 段圆弧　　　　　　图 1-5-13　添加几何约束

(14) 添加尺寸约束。在【草图工具】工具条中选择 按钮，按照图 1-5-14 所示的尺寸进行标注，$Rp15=13$，$Rp16=8$，$Rp17=6$，此时草图曲线全部转换成绿色，表示已经完全约束。

(15) 修剪多余曲线。在【草图工具】工具条中选择 按钮，然后在图中选择不要的曲线，修剪结果如图 1-5-15 所示。

(16) 完成草图。在【草图工具】工具条中选择 ![完成草图] 按钮，系统回到建模界面。

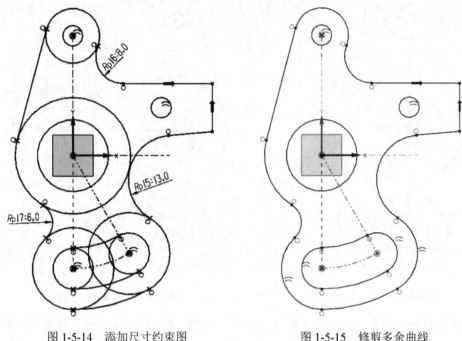

图 1-5-14　添加尺寸约束图　　　　　　图 1-5-15　修剪多余曲线

3. 保存文件

单击【标准】工具条上的 按钮。

实例六　机床挂轮架设计

【学习任务】

根据如图 1-6-1 所示图形尺寸绘制草图。

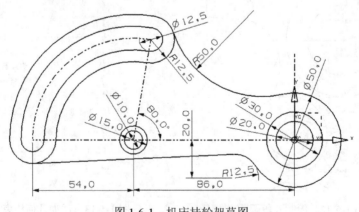

图 1-6-1　机床挂轮架草图

【学习目标】
　① 熟练掌握绘制复杂草图曲线的方法和技巧；
　② 能够熟练使用草图工具中的几何约束命令，在草图曲线上添加同心、等半径、点在线上、相切等约束；
　③ 能够熟练使用草图工具中的尺寸标注命令，在草图曲线上添加尺寸约束。

【操作步骤】

1. 新建文件

选择菜单中的【文件】（File）|【新建】（New）命令，或选择 ▢（创建一个新的文件）按钮，系统出现【新建】对话框，在【名称】栏中输入【jcglj】，在【单位】下拉框中选择【毫米】，单击 确定 按钮，创建一个文件名为 jcglj.prt、单位为毫米的文件，并自动启动【建模】应用程序。

2. 草绘图形

（1）选择菜单中的【插入】（Insert）|【任务环境中的草图】（Sketch in Task Environment）命令，或单击【特征】工具条上 ⌂（任务环境中的草图）按钮，系统弹出【创建草图】对话框，如图 1-6-2 所示；在【平面方法】下拉列表中选择【自动判断】，系统默认选择 X-Y 平面，单击 确定 按钮，进入草图绘制模式。

图 1-6-2 【创建草图】对话框

（2）在【草图工具】工具条中选择 ／（直线）按钮，绘制一条过坐标原点的水平线和一条斜线；然后在【草图工具】工具条中选择 ⌒（圆弧）按钮，在【圆弧】浮动工具条中选择 ⌒（中心和端点定圆弧）按钮，以斜线下面端点为圆心以水平线的左端点为其中一个端点绘制一条圆弧，结果如图 1-6-3 所示。

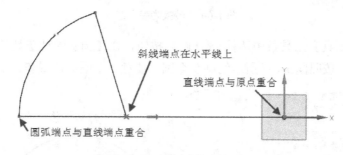

图 1-6-3　绘制直线和圆弧

（3）添加约束。在【草图工具】工具条中选择 ⫽（约束）按钮，在草图中选择圆弧的上端点与斜线的上端点，草图左上角出现【约束】浮动工具条，在其中选择 ⌐（重合）按钮，约束两端点重合，结果如图 1-6-4 所示。

（4）添加尺寸约束。在【草图工具】工具条中选择 ⌕（自动判断尺寸）按钮，按照图 1-6-5 所示的尺寸进行标注，p9=86，p10=54，p11=80。此时草图曲线全部转换成绿色，表示已经完全约束。

（5）在【草图工具】工具条中选择 ⌘（转换至/自参考对象）按钮，系统出现【转换至/自参考对象】对话框，在草图中选取直线和圆弧，在对话框中单击 确定 按钮，完成转换如图 1-6-6 所示。

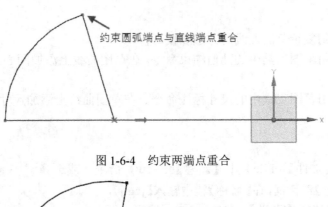

图 1-6-4　约束两端点重合

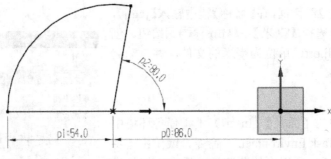

图 1-6-5　添加尺寸约束

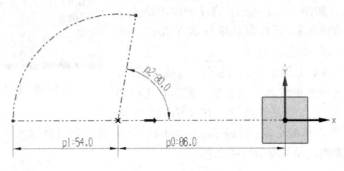

图 1-6-6　转换为参考线

（6）在【草图工具】工具条中选择 ○（圆）按钮，在【圆】浮动工具条中选择 ⊙（圆心和直径定圆）按钮，按照图 1-6-7 所示绘制 9 个圆。注意 9 个圆的位置和大小比例与样图相近。

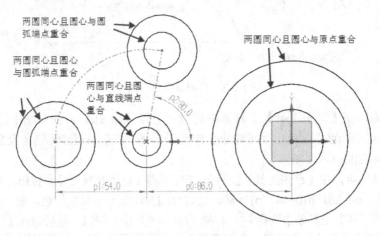

图 1-6-7　绘制 9 个圆

（7）添加几何约束。在【草图工具】工具条中选择 ⊥（约束）按钮，如图 1-6-8 所示，分别选取两个圆并添加等半径约束。

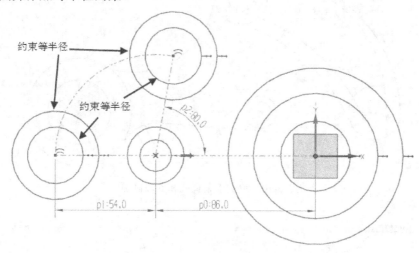

图 1-6-8　添加等半径约束

（8）添加尺寸约束。在【草图工具】工具条中选择（自动判断尺寸）按钮，按照图 1-6-9 所示的尺寸进行标注，$\phi p3=12.5$，$\phi p4=25$，$\phi p5=10$，$\phi p6=15$，$\phi p7=50$，$\phi p8=30$，$\phi p9=20$，此时草图曲线全部转换成绿色，表示已经完全约束。

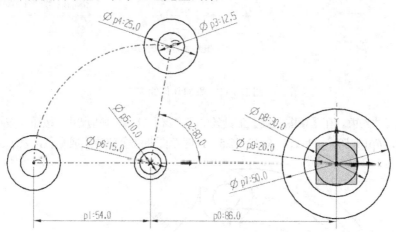

图 1-6-9　添加尺寸约束

（9）隐藏尺寸约束。为便于下面绘制草图曲线，先将上一步添加的尺寸约束隐藏。用光标依次选择所有尺寸约束，再选择菜单中的【编辑】（Edit）|【显示和隐藏】（Show and Hide）|【隐藏】（Hide），或单击【实用工具】工具条中的（隐藏）按钮，将尺寸约束隐藏起来。

（10）在【草图工具】工具条中选择（直线）按钮，如图 1-6-10 所示绘制 1 条直线。接着在【草图工具】工具条中选择（圆弧）按钮，在【圆弧】浮动工具条中选择（三点定圆弧）按钮，绘制 6 段圆弧。

注意：直线不可绘制成水平线，各段圆弧的凸起方向必须与图样一致。

（11）添加几何约束。在【草图工具】工具条中选择（约束）按钮，如图 1-6-11 所示添加同心、相切等约束。在【草图工具】工具条上，单击（显示所有约束）按钮，使图形中的约束显示出来。

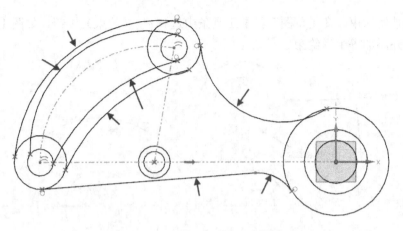

图 1-6-10 绘制 1 条直线和 6 段圆弧

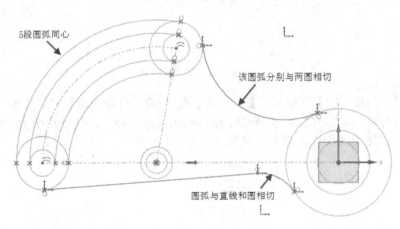

图 1-6-11 添加几何约束

（12）添加尺寸约束。在【草图工具】工具条中选择 (自动判断尺寸)按钮，按照图 1-6-12 所示的尺寸进行标注，$Rp10=50$，$p11=20$，$Rp12=12.5$，此时草图曲线全部转换成绿色，表示已经完全约束。

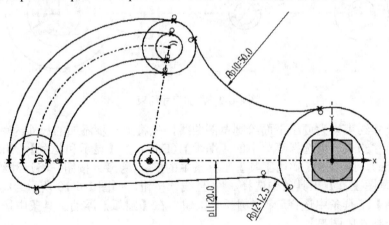

图 1-6-12 添加尺寸约束图

（13）修剪多余曲线。在【草图工具】工具条中选择 (快速修剪)按钮，然后在图中选择不要的曲线，修剪结果如图 1-6-13 所示。

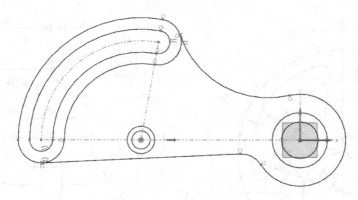

图 1-6-13　修剪多余曲线

（14）完成草图。在【草图工具】工具条中选择 ![完成草图] 按钮，系统回到建模界面。

3．保存文件

单击【标准】工具条上的 ![图标] （保存）按钮。

拓展练习题

绘制如图 1-ex-1～图 1-ex-14 所示的草图。

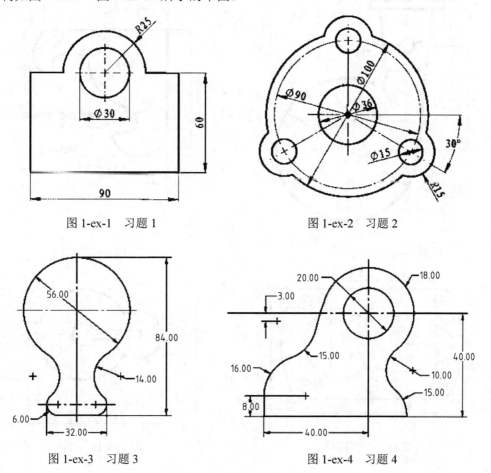

图 1-ex-1　习题 1

图 1-ex-2　习题 2

图 1-ex-3　习题 3

图 1-ex-4　习题 4

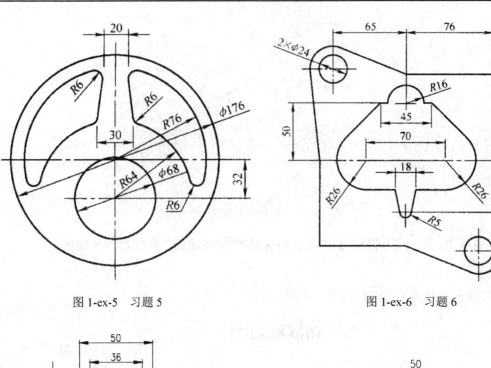

图 1-ex-5　习题 5

图 1-ex-6　习题 6

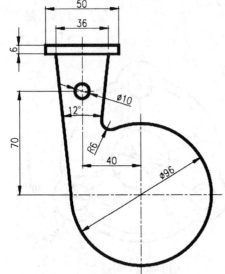

图 1-ex-7　习题 7

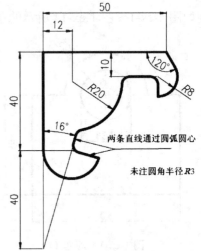

图 1-ex-8　习题 8

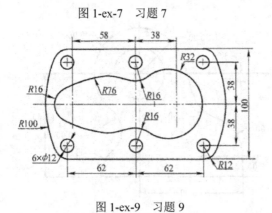

图 1-ex-9　习题 9

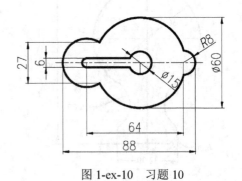

图 1-ex-10　习题 10

第一章 草图设计

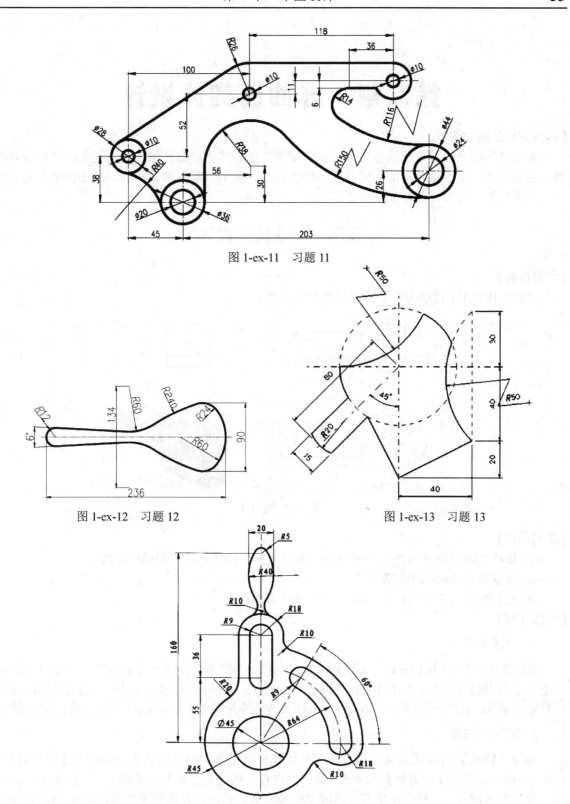

图 1-ex-11 习题 11

图 1-ex-12 习题 12

图 1-ex-13 习题 13

图 1-ex-14 习题 14

第二章 非曲面实体设计

【实体设计基础知识】

对于 3D 零件，在草图的基础上，采用实体造型方式快捷而方便，能满足大部分造型的需要。主要的实体造型命令包括下列的各类特征命令，类型有基本体素特征、扫描特征、基准特征、成形特征、细节特征、复制特征等。

实例一 连接头设计

【学习任务】

根据如图 2-1-1 连接头所示图形尺寸绘制模型。

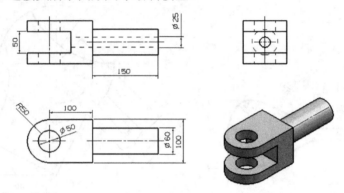

图 2-1-1　连接头

【学习目标】

① 能够熟练使用基本体素特征命令，掌握建立一般体素特征的操作步骤。
② 掌握布尔(Boolean)运算命令。
③ 能够熟练对工作坐标系 WCS 进行操作设置。

【操作步骤】

1. 新建文件

选择菜单中的【文件】(File)|【新建】(New) 命令，或选择 创建一个新的文件（New）按钮，系统出现【新建】对话框，在【名称】栏中输入【connector】，在【单位】下拉框中选择【毫米】，单击 确定 按钮，创建一个文件名为 connector.prt、单位为毫米的文件，并自动启动【建模】应用程序。

2. 创建长方体

单击【特征】工具条上 "长方体"按钮或选择菜单中的【插入】(Insert)|【设计特征】(Design Feature)|【长方体】(Block)命令，在打开的【长方体】对话框中，选择根据"原点和边长"的创建方法，然后在绘图区通过点的构造器，确定长方体左下角原点位置（0，0，0），再进一步确定尺寸大小参数，长、宽、高各为 100mm，不需考虑布尔运算，【块】对话框如图 2-1-2 所示，最后，单击 确定 按钮，结果为如图 2-1-3 所示长方体。

第二章　非曲面实体设计

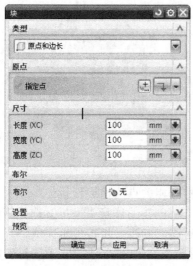

图 2-1-2　【块】对话框　　　　　图 2-1-3　长方体

3. 创建圆柱体

单击【特征】工具条上"圆柱体"按钮或选择菜单中的【插入】(Insert)|【设计特征】(Design Feature)|【圆柱体】(Cylinder)命令，在打开的【圆柱】对话框中，选择根据【轴、直径和高度】的创建方法，然后选择 ZC 轴（默认为 Z，可不选）作为圆柱的轴向，【圆柱】对话框如图 2-1-4 所示，单击点的构造器，在绘图区捕捉长方体底面左侧边中点，确定圆柱的中心轴线为过该点且垂直向上，圆柱底面中心点的确定如图 2-1-5 所示。进一步确定圆柱尺寸大小参数，直径为 100mm、高度为 100mm。考虑布尔运算，与长方体合并【求和】。合并后的圆柱体结果如图 2-1-6 所示。

技巧：可充分利用软件的自动捕捉功能捕捉所需要的点。

4. 创建垂直方向圆柱孔

单击【特征】工具条上（Cylinder）按钮，在打开的【圆柱体】对话框中，选择根据【轴、直径和高度】的创建方法，圆柱的轴向不变 Z 向。单击点的构造器，在绘图区捕捉圆柱底面圆心点，确定圆柱直径 50mm、高度 100mm。考虑布尔运算，与前面合并的体【求差】。打垂直孔后的实体结果如图 2-1-7 所示。

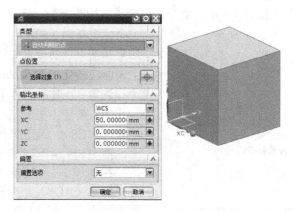

图 2-1-4　【圆柱】对话框　　　　　图 2-1-5　圆柱底面中心点的确定

图 2-1-6 合并后的圆柱体

图 2-1-7 打垂直孔后的实体

注意：点的类型要设为自动判断的点，以便打开相关点的捕捉设置。

技巧：基本体素特征的主要操作步骤：①确定要创建的体素类型；②选择创建方法；③确定位置；确定大小参数；④考虑布尔运算。理清思路，一步一步按提示完成。

基本体素特征创建主要有两点：一是采用参数化建模方法进行定形；二是通过坐标系实现定位。

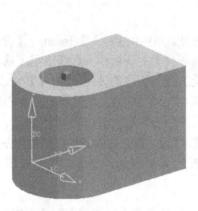

图 2-1-8 用户坐标新原点的设置

5. 创建中间方形槽

（1）为方便方形槽长方体的定位，需将坐标原点移到方形槽长方体的几何中心。

单击【实用工具】工具条上 WCS 原点（Origin）按钮或选择菜单中的【格式】（Format）|【WCS】|原点(Origin) 命令，打开【点构造器】对话框，在图形中选择上表面圆柱孔心，对话框中坐标更新为（50，0，100），再将 ZC 轴坐标值改为 50mm，用户坐标新原点的设置如图 2-1-8 所示，即新的用户坐标原点已相对上表面圆柱孔心下移 50mm，新旧原点对比如图 2-1-9 所示。

注意：在建模过程中，坐标系是空间定位和几何变换的关键。

UG 系统主要有三种坐标系：绝对坐标系（ACS）、工作坐标系（WCS）、加工坐标系（MCS）。加工坐标系主要用在加工中，造型设计中不需考虑。

在建模中，当启动软件后，绘图区显示的三个坐标便是绝对坐标系（ACS），它是默认的，它的原点位置和各坐标轴的方向永远不变，用 X、Y、Z 表示。工作坐标系（WCS）是提供给

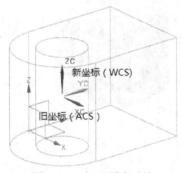
图 2-1-9 新旧原点对比

用户使用的坐标系，它初始时与绝对坐标系重合，用户可以用 WCS 命令，改变它的原点位置和各坐标轴的方向，在图中它用 XC、YC、ZC 表示。

（2）单击【特征】工具条上 长方体（Block）按钮，在打开的【块】对话框中，选择根据"原点和边长"的创建方法，然后单击"点的构造器"按钮，在打开的【点】的对话框中，输入长方体左下角原点坐标（相对于 WCS）位置（–50，–50，–25），单击 确定 后再进一步确定尺寸大小参数，长为 100mm、宽为 100mm、高为 50mm。考虑布尔运算，与前实体求差。开方槽后的实体结果如图 2-1-10 所示。

6. 创建水平方向圆柱

单击【特征】工具条上 圆柱体（Cylinder）按钮，在打开的【圆柱】对话框中，选择根据【轴、直径和高度】的创建方法，圆柱的轴向改变为 Y 向。单击【点】的构造器，在坐标（相对于 WCS）栏将 YC 改为 100，即圆柱底面中心点相对于 WCS 原点沿 Y 正向移动 100，单击【确定】后回到【圆柱】对话框，设圆柱直径 60mm、高度 150mm。考虑布尔运算，与前实体求和。水平方向圆柱结果如图 2-1-11 所示。

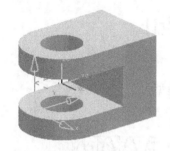
图 2-1-10　开方槽后的实体

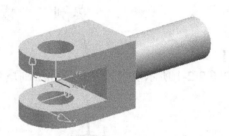
图 2-1-11　水平方向圆柱

7. 创建水平方向圆柱孔

单击【实用工具】工具条上 WCS 原点（Origin）按钮，捕捉刚创建的水平方向圆柱右端面的圆心点为新的坐标原点。

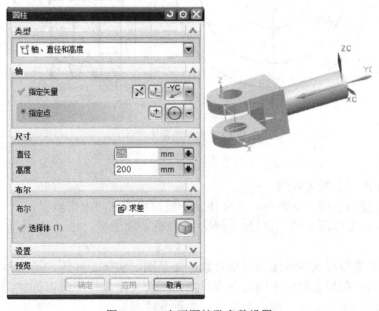

图 2-1-12　水平圆柱孔参数设置

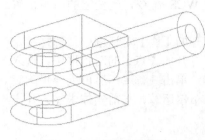

图 2-1-13 静态线框显示

单击【特征】工具条上 圆柱体（Cylinder）按钮，在打开的【圆柱】对话框中，选择根据【轴、直径和高度】的创建方法，圆柱的轴向改变为 –Y 向；不需指定圆柱底面中心点，默认为原点；设圆柱直径 25mm，高度 200mm，考虑布尔运算，与前实体【求差】，水平圆柱孔参数设置如图 2-1-12 所示。单击 静态线框按钮，采用静态线框的显示模式，隐藏坐标，静态线框显示结果如图 2-1-13 所示。

8. 保存文件

单击【标准】工具条上的 保存（Save）按钮保存文件。

技巧： 由于体素特征是参数化的，但特征间不相关，每个体素都是相对空间创建的，所以在实际具体建模时，为了确保组成模型的特征间彼此相关，建议基本体素只做一个，而且往往在一开始时做。

实例二　皮带轮设计

【学习任务】

根据如图 2-2-1 所示皮带轮图形尺寸绘制皮带轮的模型。

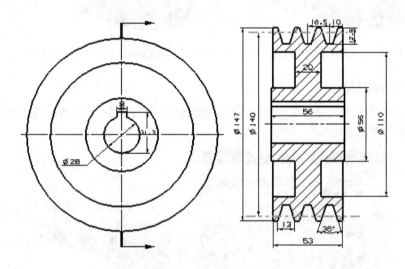

图 2-2-1　皮带轮图形尺寸

【学习目标】

① 进一步加深对草图的理解。
② 能够熟练使用扫描特征命令，掌握建立一般扫描特征的操作步骤。
③ 能够熟练对工作图层进行设置1 ，并有效管理图层。

【操作步骤】

由于创建模型需要用到多种图形特征对象，如草图、实体、片体、基准和工程图等，为便于管理，应在不同的图层上创建不同的图形对象。一个 UG 部件中可以包含 1~256 层，这 256 层相当于 256 张透明纸叠加在一起。图层可以显示或隐藏。

1. 新建文件

选择菜单中的【文件】(File)｜【新建】(New)命令，或选择 ▢（创建一个新的文件）按钮，系统出现【新建】对话框，在【名称】栏中输入【pulley】，在【单位】下拉框中选择【毫米】，单击 确定 按钮，创建一个文件名为 pulley.prt、单位为毫米的文件，并自动启动【建模】应用程序。

2. 绘制旋转截面草图

选择菜单中的【格式】(Format)｜【图层设置】(Layer Settings)命令，或单击【实用工具】工具条上 按钮，设置 21 层为当前工作层。

注意：UG 对图层分类约定如下：
- 1～20：实体（solid）；
- 21～40：草图（sketch）；
- 41～60：曲线（curve）；
- 61～80：基准（datumn）；
- 81～100：片体（sheet）；
- 101～120：工程图对象（drafting objects）。

选择菜单中的【插入】(Insert)｜【任务环境中的草图】(Sketch in Task Environment) 命令，或单击【特征】工具条上 按钮，系统弹出【创建草图】对话框，如图 2-2-2 所示；在【平面选项】下拉列表中选择【现有的平面】，在绘图区选择 XC-YC 平面，草图名可用默认 SKETCH_000，单击 确定 按钮，进入草图绘制模式。绘制草图 1，实现完全约束，如图 2-2-3 所示。完成草图 1 后，在【草图工具】工具条中选择 完成草图 按钮，系统回到建模界面，草图 1 退出后的空间位置如图 2-2-4 所示。

图 2-2-2 【创建草图】对话框

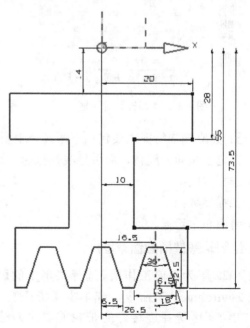

图 2-2-3 草图 1

3. 旋转生成皮带轮主体

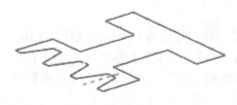

图 2-2-4　草图 1 退出后的空间位置

设置 1 层为当前工作层。单击扫描特征工具条中的 回转（Revolve）按钮，系统弹出如图 2-2-5 所示【回转】对话框。选择上面绘制的草图 1 为旋转对象，在【指定矢量】下拉列表中选择 XC 轴为旋转轴，打开【点构造器】，确定原点作为旋转点，旋转角度开始设为"0"，结束设为"360"，其他采用默认值，单击 确定 按钮，皮带轮主体结果如图 2-2-6 所示。

图 2-2-5　【回转】对话框

图 2-2-6　皮带轮主体

技巧：建立扫描特征主要包括下面几个主要步骤：
① 确定要拉伸、旋转、沿引导线扫掠的二维截面形状对象；
② 选择方向；
③ 扫描参数；
④ 考虑布尔运算。

4. 绘制轮毂键槽截面草图

设置 22 层为当前工作层。选择菜单中的【插入】(Insert)|【任务环境中的草图】(Sketch in Task Environment)命令，或单击【特征】工具条上 按钮，系统弹出【创建草图】对话框；在绘图区选择旋转好的带轮前端面为绘图平面，单击 确定 按钮，进入草图绘制模式，绘制草图 2，实现完全约束，如图 2-2-7 所示。草图 2 退出后在空间的位置如图 2-2-8 所示。

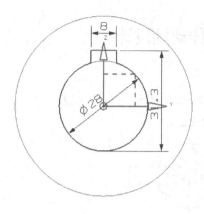 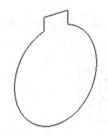

图 2-2-7　绘制草图 2　　　　　图 2-2-8　草图 2 退出后在空间的位置

5. 拉伸生成键槽

设置 1 层 [1 ▼] 为当前工作层，22 层为可选层。单击扫描特征工具条中的 拉伸（Extrude）按钮，系统弹出如图 2-2-9 所示的【拉伸】对话框。选择上面绘制的草图 2 为拉伸对象，注意拉伸方向，拉伸应穿过整个体，【结束】选择【贯通】（Through All）。布尔操作方式(Boolean) 选择 【求差】（Subtract），单击 确定 按钮，关闭图层 22 等，皮带轮实体结果如图 2-2-10 所示。

图 2-2-9　【拉伸】对话框　　　　　图 2-2-10　皮带轮实体

技巧：在进行扫描特征操作时应充分考虑布尔运算。

6. 保存文件

单击【标准】工具条上的 保存（Save）按钮保存文件。

技巧：对截面比较复杂的三维形体，造型时其基本形状一般从扫描特征(Swept Feature)开始。

实例三 传动轴设计

【学习任务】

根据如图 2-3-1 所示传动轴尺寸,绘制图 2-3-2 所示的传动轴模型。

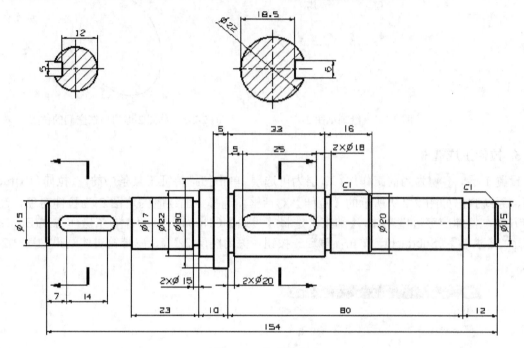

图 2-3-1 传动轴尺寸

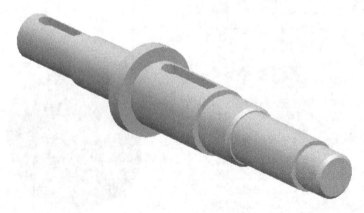

图 2-3-2 传动轴模型

【学习目标】

① 掌握基准特征 "基准面"(Datum Plane)、 "基准轴"(Datum Axis)的建立方法。

② 能够熟练使用成形特征 "凸台"(Boos)、 "键槽"(Slot)、 "沟槽"(Groove)命令,掌握建立一般成形特征的定形定位的主要操作步骤。

③ 掌握细节特征 "倒斜角"(Chamfer)的操作方法。

【操作步骤】

1. 新建文件

选择菜单中的【文件】(File)|【新建】(New)命令，或选择 □（创建一个新的文件）按钮，系统出现【新建】对话框，在【名称】栏中输入【drive shaft】，在【单位】下拉框中选择【毫米】，单击 确定 按钮，创建一个文件名为 drive shaft.prt、单位为毫米的文件，并自动启动【建模】应用程序。

2. 创建圆柱

设置 1 层为当前工作层。单击工具条中的 圆柱体按钮或选择菜单中的【插入】(Insert)|【设计特征】(Design Feature)|【圆柱体】(Cylinder) 命令，以 XC 为轴向，以（0，0，0）点为圆柱底面中心点，建立一个直径为 15mm、高度为 29mm 的圆柱体，如图 2-3-3 所示。

图 2-3-3　圆柱

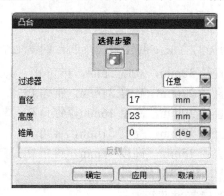
图 2-3-4　【凸台】对话框

3. 依次创建七个凸台，完成传动轴基本主体形状

单击特征工具条中的 "凸台"(Boss) 按钮或选择菜单中的【插入】(Insert)|【设计特征】(Design Feature)|【凸台】(Boss) 命令，弹出如图 2-3-4 所示的【凸台】对话框。选择圆柱体的右表面为凸台的放置面，在对话框中设置凸台参数：直径 17mm、高度 23mm、锥角 0，单击鼠标中键或单击对话框中 应用 按钮。在弹出的【定位】对话框中选择"点到点" 按钮，【定位】方式的选择如图 2-3-5 所示。然后选中圆柱体左（或右）表面的边缘，在弹出的【设置圆弧位置】的对话框中，单击"圆弧中心"按钮，选择圆弧如图 2-3-6 所示，完成第一个凸台。

注意：凸台的放置面一定要选平面，即只能在平面上放置凸台。

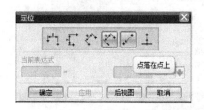
图 2-3-5　【定位】方式的选择

图 2-3-6　选择圆弧

技巧："凸台"成形特征的创建关键在定形定位上，首先要确定平的放置面；然后利用放置面定相应大小参数即定形，"直径"是指放置面上圆直径，"高度"是相对放置面的高度位置；再定位置，圆柱或圆锥成形特征类的定位常用"点到点"的方法，保证了前后段圆柱中心对齐（同心），

它指目标体上的一个点，与工具体（要创建的特征）上的一个点，在放置面上的间距为0mm。

接着，在上一个凸台的上表面上再建立第二个凸台，参数为直径22mm，高度5mm，锥角0，定位方法仍为"点到点"，保证两凸台同心。第二个凸台结果如图2-3-7所示。

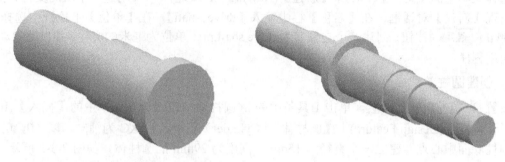

图 2-3-7　第二个凸台　　　　　　　　　图 2-3-8　其他凸台

用同样的方法，创建第三个凸台到第七个凸台，定位方法均为 ，"点到点"参数如下：

① 直径 30mm，高度 5mm，锥角 0；
② 直径 22mm，高度 33mm，锥角 0；
③ 直径 20mm，高度 16mm，锥角 0；
④ 直径 17mm，高度 31mm，锥角 0；
⑤ 直径 15mm，高度 12mm，锥角 0。

结果如图 2-3-8 所示。

4. 创建基准平面

考虑到键槽创建的定形定位，先建立基准特征。

设置 62 层为当前工作层。单击特征工具条中的 "基准平面"(Datum Plane) 按钮或选择菜单中的【插入】(Insert)|【基准/点】(Datum /Point)|【基准平面】(Datum Plane)命令，弹出【基准平面】对话框。在【基准平面】对话框中采用【自动判断】建立平面类型，先选择要创建键槽的第四段凸台圆柱面，再捕捉圆柱边缘上方象限点，第一基准平面的创建如图 2-3-9 所示，单击 应用 按钮，创建了第一个与凸台圆柱面上方相切的基准平面。

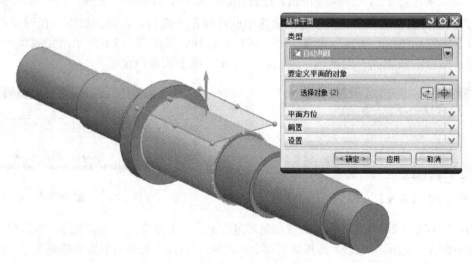

图 2-3-9　第一基准平面的创建

用同样的方法，先选择要创建键槽的圆柱体侧表面，再捕捉圆柱边缘上方象限点，单击 确定 按钮，创建了第二个与圆柱面上方相切的基准平面，如图 2-3-10 所示。

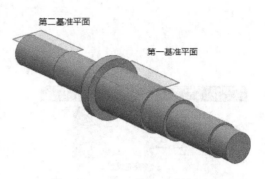

注意：在最初新建"文件"时，采用系统默认的模型模版，系统已自动建立了三个过原点的基准面 XC-YC、XC-ZC、YC-ZC 和三根基准轴 X、Y、Z。基准平面是无穷大的。

图 2-3-10 第二基准平面的创建

技巧：基准特征是用于建立其他特征的辅助特征，在创建成形特征的过程中，往往需要采用基准特征作为放置面和进行定位。

5. 创建两键槽

设置 1 层为当前工作层。

（1）单击特征工具条中的 "键槽"（Slot）按钮或选择菜单中的【插入】(Insert)|【设计特征】(Design Feature)|【键槽】(Slot) 命令，弹出如图 2-3-11 所示【键槽】对话框。在【键槽】对话框中选择【矩形槽】类型，单击 确定 按钮，在图形区域选择第一平面为键槽放置面，这时出现一向下箭头表示键槽去除材料的方向，单击【接受默认边】，选择基准轴 X 轴作为水平参考，在打开的【矩形槽】对话框中，设置长度为 25mm、宽度 6mm、深度 3.5mm，单击 确定 按钮，进入定位状态，键槽参数如图 2-3-12 所示。

注意：键槽的放置面一定要选平面，所有类型键槽的深度值是与安放平面法向测量的。水平参考方向决定了键槽的长度方向。

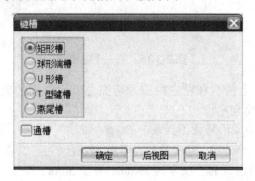

图 2-3-11 键槽类型

图 2-3-12 键槽参数

在打开的【定位】对话框中，单击"线到线" 按钮，如图 2-3-13 所示定位"线到线"。选择 XC-ZC 基准面为目标面基准，选择键槽宽度方向对称中心线为工具边，使键槽前后居中，定位键槽前后位置如图 2-3-14 所示。接着继续确定键槽左右位置，单击"水平" 按钮，先选择凸台边缘为目标对象，在随后打开的对话框中单击"圆弧中心"，再选择键槽长度方向对称中心线为工具边，定位键槽左右位置如图 2-3-15 所示。在随后打开的对话框中，确定圆弧中心和键槽长度方向，对称中心线水平距离为 17.5mm，单击 确定 按钮，完成了键槽的创建，第一个键槽如图 2-3-16 所示。

注意：水平距离是水平参考方向上度量的距离。

图 2-3-13 定位"线到线"

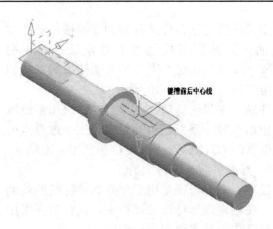
图 2-3-14 定位键槽前后位置

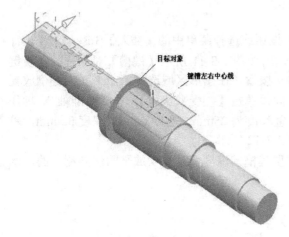
图 2-3-15 定位键槽左右位置

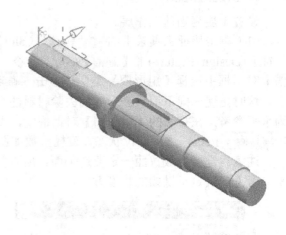
图 2-3-16 第一个键槽

技巧：完全定位键槽需确定键槽相对放置面上前后和左右位置，可充分利用键槽的放置面上对称中心线来定位。

（2）单击成形特征工具条中的 "键槽"（Slot）按钮，继续创建第二个键槽。键槽类型为矩形，放置面为第二基准面，水平参考方向为 X 轴，长度为 19mm、宽度 5mm、深度 3mm。定位方式仍采用"线到线" 和"水平" 两种方法，使键槽宽度方向对称中心线与 XC-ZC 基准面对齐，保证键槽前后方向居中；键槽左右方向对称中心线与最左圆柱边缘中心水平距离为 14mm。隐藏基准面后，第二个键槽如图 2-3-17 所示。

图 2-3-17 第二个键槽

6. 创建四处退刀槽结构

单击特征工具条中的 "槽"（Groove）按钮或选择菜单中的【插入】(Insert)｜【设计特征】(Design Feature)｜【槽】（Groove）命令，弹出如图 2-3-18 所示【槽】对话框。有三种类型的槽，选择【矩形】槽，然后选择第一个凸台圆柱表面为放置面，在打开的【矩形沟槽】对话框中，输入沟槽直径 15mm,宽度 2mm，单击 确定 ，刀具定位槽的位置如图 2-3-19 所示。选择第一个凸台最右边缘为目标边，预览刀具的最右边缘为工具边，在打开的对话框中，设置它们之间的轴向距离为 0mm，单击 确定 按钮，创建第一个沟槽如图 2-3-20 所示。

第二章 非曲面实体设计

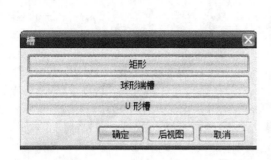 

图 2-3-18 【槽】对话框　　　　　　图 2-3-19 刀具定位槽位置

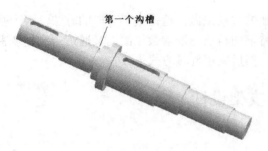 

图 2-3-20 第一个沟槽　　　　　　图 2-3-21 其他沟槽

注意：沟槽的放置面只能是圆柱或圆锥曲面。
技巧：沟槽的创建相当于用一把盘型刀去切割轴体。

继续选择第四个凸台圆柱表面为放置面，沟槽直径为 20mm，宽度 2mm，选择第四个凸台最左边缘为目标边，预览刀具的最左边缘为工具边，在打开的对话框中，设置它们之间的轴向距离为 0mm，单击 确定 按钮，完成第二个沟槽的创建。

继续选择第五个凸台圆柱表面为放置面，沟槽直径为 18mm，宽度 2mm，选择第五个凸台最左边缘为目标边，预览刀具的最左边缘为工具边，在打开的对话框中，设置它们之间的轴向距离为 0mm，单击 确定 按钮，完成第三个沟槽的创建。

继续选择第七个凸台圆柱表面为放置面，沟槽直径为 14mm，宽度 2mm，选择第七个凸台最左边缘为目标边，预览刀具的最左边缘为工具边，在打开的对话框中，设置它们之间的轴向距离为 0mm，单击 确定 按钮，完成第四个沟槽的创建。其他沟槽如图 2-3-21 所示。

7. 创建三处倒角结构

单击特征操作工具条中的 "倒斜角"（Chamfer）按钮或选择菜单中的【插入】(Insert)|【细节特征】(Detail Feature)|【倒斜角】（Chamfer）命令，弹出如图 2-3-22 所示【倒斜角】对话框。选择要倒斜角的三条圆柱边缘，如图 2-3-23 所示，采用对称倒角，倒角距离设为 1mm。单击 确定 按钮，最后结果如图 2-3-23 所示。

8. 保存文件

单击【标准】工具条上的 保存（Save）按钮保存文件。
技巧：UG 在建模时既注重结果也注重过程，在具体建模时，一般遵循下面三个原则：
① 先粗后细——先作粗略的形状，再逐步细化；
② 先大后小——先作大尺寸形状，再完成局部的细化；
③ 先外后里——先作外表面形状，再细化内部形状。

图 2-3-22 【倒斜角】对话框

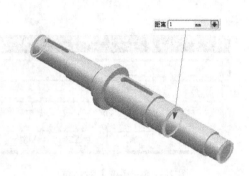
图 2-3-23 圆柱边缘

小结：该传动轴有同学采用多个圆柱体叠加的方法来做，这是最不可取的方法，因为基本体素特征虽是参数化，但相互没有关联。成形特征的特点是既参数化的，又通过定位体现特征间是相关的。另外，轴也可先做旋转截面草图，然后采用旋转方式生成。

实例四　支架设计

【学习任务】

根据如图 2-4-1 所示支架尺寸绘制支架模型。

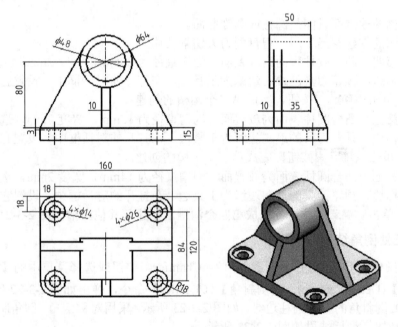

图 2-4-1　支架尺寸

【学习目标】

① 熟练掌握成形特征 "孔"（Hole）的建立方法。
② 掌握细节特征 "边倒圆"（Edge Blend）的操作方法。
③ 掌握关联复制中 "实例特征"（Instance Feature）命令，学会实现矩形阵列和圆形阵列的复制。

④ 综合运用草图特征、扫描特征、基准特征、成形特征，掌握基于特征的一般建模过程。
【操作步骤】
1. 新建文件

选择菜单中的【文件】(File)|【新建】(New) 命令，或选择 □（创建一个新的文件）按钮，系统出现【新建】对话框，在【名称】栏中输入【bracket】，在【单位】下拉框中选择【毫米】，其他采用默认，单击 确定 按钮，创建一个文件名为 bracket.prt、单位为毫米的文件，并自动启动【建模】应用程序。

2. 支架底座的构造

（1）作底座草图

设置 21 层为当前工作层。选择菜单中的【插入】(Insert)|【任务环境中的草图】(Sketch in Task Environment) 命令，或单击【特征】工具条上 按钮，系统弹出【创建草图】对话框，在草图名栏 SKETCH_BOTT 输入草图名：SKETCH_BOTTOM，在绘图区选择 XC-YC 平面，单击 确定 按钮，进入草图绘制模式。作矩形截面草图 SKETCH_BOTTOM，草图为完全约束。底座草图如图 2-4-2 所示。在【草图工具】工具条中选择 完成草图 按钮，系统回到建模界面。

（2）作底座

设置 1 层为当前工作层。单击扫描特征工具条中的 "拉伸"（Extrude）按钮，系统弹出【拉伸】对话框。选择上面绘制的草图 SKETCH_BOTTOM 为拉伸对象，注意拉伸方向向下，拉伸开始距离为 0mm，结束距离 15mm，布尔操作为"无"，单击 确定 按钮，得到支架底座实体，如图 2-4-3 所示。

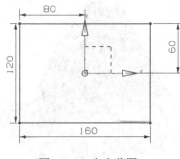 

图 2-4-2　底座草图　　　　　　　　　图 2-4-3　支架底座

3. 构建支撑板特征

（1）绘制基准面

设置 62 层为当前工作层。单击特征工具条中的 □ "基准平面"（Datum Plane）按钮或选择菜单中的【插入】(Insert)|【基准/点】(Datum /Point)|【基准平面】(Datum Plane) 命令，分别选择底座前后面，则新建基准平面为前后中间平面。绘制前后中间基准面如图 2-4-4 所示。

（2）绘制支撑板草图

设置 22 层为当前工作层。单击【特征】工具条上 草图(Sketch in Task Environment)按钮，系统弹出【创建草图】对话框，在草图名栏输入草图名：SKETCH_SUPPORTING，选择新作的基准平面为草图面，注意基准平面水平方向应为 X 轴方向，单击 确定 按钮，进入草图绘制模式。

绘制支撑板截面草图 SKETCH_SUPPORTING，草图为完全约束，如图 2-4-5 所示。

注意：草图 SKETCH_SUPPORTING 的底面直线应与底座上表面重合。

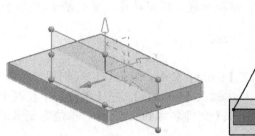
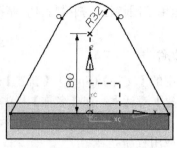

图 2-4-4　绘制前后中间基准面　　　　图 2-4-5　支撑板草图

（3）创建支撑板

设置 1 层为当前工作层。单击扫描特征工具条中的 "拉伸"（Extrude）按钮，系统弹出【拉伸】对话框，如图 2-4-6 所示。选择上面绘制的草图 SKETCH_SUPPORTING 为拉伸对象，注意拉伸"极限"，将【结束】项选为【对称值】，即采用向两边对称拉伸，对称值设为 5mm，布尔操作为【求和】，单击 确定 按钮，得到支撑板实体，如图 2-4-7 所示。

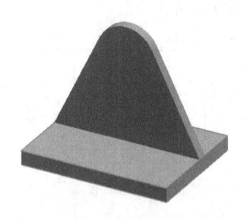

图 2-4-6　【拉伸】对话框　　　　图 2-4-7　支撑板

技巧：注意分层操作可便于管理图形。
注意：在拉伸等操作中就应考虑到布尔运算。

4. 构建圆柱特征

单击特征工具条中的 "凸台"（Boss）按钮或选择菜单中的【插入】(Insert)│【设计特征】(Design Feature)│【凸台】(Boss) 命令，弹出【凸台】对话框。选择支撑板的前表面为凸台的放置面，在对话框中设置凸台参数，直径 64mm，高度 35mm，锥角 0，单击鼠标中键或单击对话框中 应用 按钮。在弹出的【定位】对话框中选择"点到点" 按钮，然后选中支撑板圆弧的边缘，凸台的定位如图 2-4-8 所示。在弹出的【设置圆弧位置】对话框中，单击【圆弧中心】按钮，完成前凸台。

继续选择支撑板的后表面为凸台的放置面，在对话框中设置凸台参数，直径 64mm，高度

5mm，锥角 0，单击鼠标中键或单击对话框中 应用 按钮。在弹出的【定位】对话框中，同样选择"点到点" 按钮，选中支撑板后表面圆弧的边缘，在弹出的【设置圆弧位置】的对话框中，单击【圆弧中心】按钮，完成后凸台，结果如图 2-4-9 所示。

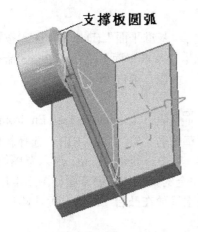
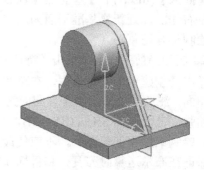

图 2-4-8　凸台的定位　　　　　　　　图 2-4-9　后凸台

5. 构建通孔特征

单击特征工具条中的 "孔"（Hole）按钮或选择菜单中的【插入】(Insert)|【设计特征】(Design Feature)|【孔】(Hole)命令，弹出，如图 2-4-10【孔】对话框所示。孔的类型设为【常规孔】中的【简单孔】，通孔直径设为 48mm，深度限制选为【贯通体】，即贯穿整个实体打通孔，布尔操作为【求差】，然后在图形中捕捉前凸台边缘圆心点为孔中心位置，单击 确定 按钮，通孔结果如图 2-4-11 所示。

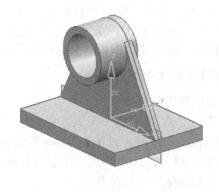

图 2-4-10　【孔】的对话框　　　　　　图 2-4-11　通孔

技巧：孔的创建主要难在定位上，如果能捕捉到特殊点作为孔的中心位置，尽量采用此法，简单快捷。

6. 构建加强筋特征

（1）作基准平面

设置 63 层为当前工作层。单击特征工具条中的 ▢ "基准平面"（Datum Plane）按钮或选择菜单中的【插入】(Insert)|【基准/点】(Datum /Point)|【基准平面】(Datum Plane)命令，分别选择底座左右侧面，则新建基准平面为左右中间平面，如图 2-4-12 所示。

（2）绘制加强筋草图

设置 23 层为当前工作层。单击【特征】工具条上 草图（Sketch in Task Environment）按钮，系统弹出【创建草图】对话框，在草图名栏输入草图名：SKETCH_RIB，选择新作的基准平面为草图面，注意基准平面水平方向应为 Y 轴方向，单击 确定 按钮，进入草图绘制模式。

绘制加强筋截面草图 SKETCH_RIB，草图为不完全约束。加强筋草图如图 2-4-13 所示。

注意：绘制此加强筋草图时，不应使最上边直线水平放在凸台下边缘，而应略向上倾斜，这样才能保证在布尔运算时刀具体和目标体完整相交。

技巧：草图不是都需要完全约束，有时完全约束反成了画蛇添足。

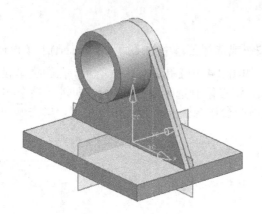

图 2-4-12　左右中间基准面

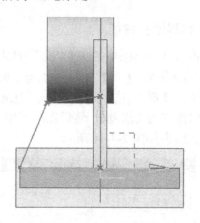

图 2-4-13　加强筋草图

（3）构建加强筋

设置 1 层为当前工作层。单击扫描特征工具条中的 "拉伸"（Extrude）按钮，系统弹出【拉伸】对话框，选择上面绘制的草图 SKETCH_RIB 为拉伸对象，注意拉伸【极限】，将【结束】项选为【对称值】，即采用向两边对称拉伸，对称值设为 5mm，布尔操作为【求和】，单击 确定 按钮，加强筋的创建结果如图 2-4-14 所示。

7. 构建底座 4 个沉孔特征

（1）隐藏草图和基准面

单击实用工具（Utility）工具条中的 "图层设置"（Layer Settings）按钮或选择菜单中的【格式】(Format)|【图层设置】(Layer Settings) 命令，打开【图层设置】对话框，如图 2-4-15 所示，将 21、22、23、61、62、63 层设为不可见层。

（2）构建底座 1 个沉头孔

单击特征工具条中的 "孔"（Hole）按钮或选择菜单中的【插入】(Insert)|【设计特征】(Design Feature)|【孔】（Hole）命令，弹出【孔】对话框。沉头孔的参数设置如图 2-4-16 所示。

第二章 非曲面实体设计

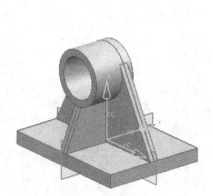

图 2-4-14 加强筋的创建

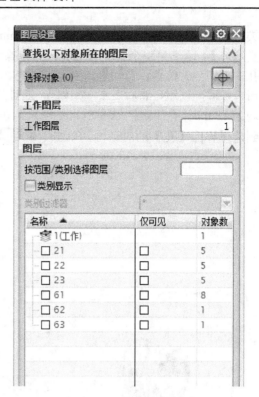

图 2-4-15 【图层设置】对话框

图 2-4-16 沉头孔的参数设置

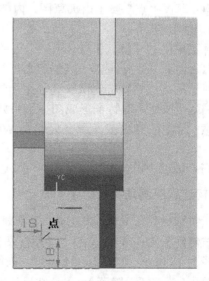

图 2-4-17 孔的定位

孔的类型设为常规孔中沉头孔，沉孔直径 26mm，沉孔深度 3mm，孔直径 14mm，深度限制选为【贯通体】，即贯穿整个实体打通孔，布尔操作为【求差】，然后在图形中选择底座上表面来定义孔中心（点）位置，自动进入到草图状态，鼠标所在处即为"指定点"，在【点】的对话框中单击 确定 按钮，然后点击 按钮，通过尺寸约束，将点完全约束，使孔中心与底座边缘距离均为 18mm，孔的定位如图 2-4-17 所示。在【草图工具】工具条中选择 完成草图 按钮，系统回到建模界面【孔】的对话框，单击 确定 按钮，完成一个沉头孔，如图 2-4-18 所示。

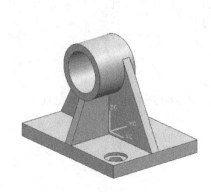

图 2-4-18 沉头孔

图 2-4-19 【对特征形成图样】对话框

注意：草图"点"属于内部草图，内部草图仅当编辑它的特征时，在图形窗口才是可见的。

（3）复制沉头孔

选择菜单中的【插入】（Insert）|【关联复制】（Associative Copy）|【对特征形成图样】（Pattern Feature）命令，或单击【特征】工具条上 对特征形成图样按钮，系统弹出如图 2-4-19 所示的对话框。选择特征为沉头孔，采用线性阵列布局方式，分别设置方向 1 和方向 2 参数，单击 确定 按钮，对特征形成图样结果如图 2-4-20 所示。

注意：对特征形成图样命令只能在 WCS 坐标中 XC-YC 平面中进行。节距指相应方向的距离。

技巧：可以利用菜单【格式】|【WCS】命令改变 WCS 的 XC、YC 方向。

8. 构建底座圆角特征

单击特征操作工具条中的 "边倒圆"（Edge Blend）按钮或选择菜单中的【插入】（Insert）|【细节特征】（Detail Feature）|【边倒圆】（Edge Blend）命令，弹出【边倒圆】对话框。设置圆角半径为 18 mm，如图 2-4-21 所示，在图形中分别选择底座的四条竖直棱边，单击 确定 按钮，单击 按钮，隐藏 WCS，结果如图 2-4-22 所示。

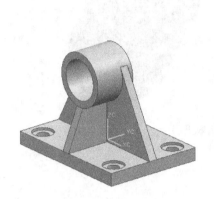

图 2-4-20　对特征形成图样结果　　　　图 2-4-21　【边倒圆】对话框

9. 保存文件

单击【标准】工具条上的 保存（Save）按钮保存文件。

技巧：在 UG 中，实体建模的过程主要是将各种特征通过一定的组合关系和位置关系组合在一起的过程。在建模时一般根据零件的加工顺序来考虑建模时各特征的先后顺序，这样可减少模型修改编辑过程中可能出现的更新错误。

小结：基于特征的建模过程，一般包括下面三大步骤。

① 毛坯——取自成形特征(Form Feature)，主要包括：
体素特征命令：块、柱、锥、球；
扫描特征命令：拉伸、旋转、沿路径扫描、管道。

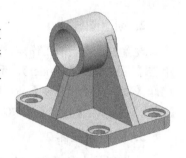

图 2-4-22　圆角特征

② 粗加工——取自成形特征，用于仿真粗加工过程,包括：
添料加工命令：凸台、凸垫；
减料加工命令：孔、腔体、键槽、沟槽。

③ 精加工——来自特征操作(Feature Operation)，用于仿真精加工过程，包括：
布尔运算、边倒圆、倒斜角、拔模、抽壳、修剪体、实例特征等，对边缘、面、体的操作命令。

实例五　饮料瓶设计

【学习任务】

根据如图 2-5-1 所示图形绘制饮料瓶实体模型。

【学习目标】

能够熟练使用基本体素特征，以及 求和(Unite)、 腔体（Pocket）、 开槽(Groove)、 螺纹(Threads)、 圆角(Edge Blend)、 倒斜角(Chamfer)、 环形阵列(Pattern Feature)、 拔模（Draft）、 抽壳（Shell）等各类特征命令。

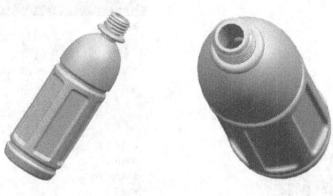

图 2-5-1　饮料瓶效果图

【操作步骤】

1. 新建文件

选择菜单中的【文件】（File）|【新建】(New)命令，或选择 （创建一个新的文件）饮料瓶，系统出现【新建】对话框，在【名称】栏中输入【bottle】，在【单位】下拉框中选择【毫米】，单击 确定 按钮，创建一个文件名为 bottle.prt、单位为毫米的文件，并自动启动【建模】应用程序。

2. 创建圆柱体 1

设置 1 层为当前工作层。选择菜单中的【插入】(Insert)|【设计特征】(Design Feature)命令，单击【圆柱体】(Cylinder)，系统弹出【圆柱体】对话框，如图 2-5-2 所示。在【类型】下拉列表中选择【轴、直径和高度】，在【轴】|【指定矢量】中选择 ，【轴】|【指定矢量】中选择原点。【尺寸】中输入【直径】为 70，【高度】为 15，单击 确定 按钮，结果如图 2-5-3 所示。

3. 创建圆柱体 2

选择菜单中的【插入】(Insert)|【设计特征】(Design Feature)命令，单击【圆柱体】命令(Cylinder)，系统弹出【圆柱体】对话框。在【类型】下拉列表中选择【轴、直径和高度】，在【轴】|【指定矢量】中选择 ，【轴】|【指定矢量】中选择原点。【尺寸】中输入【直径】为 70，【高度】为 110，单击 确定 按钮，结果如图 2-5-4 所示。

图 2-5-2　【圆柱体】对话框

图 2-5-3　圆柱体 1

图 2-5-4　圆柱体 2

4. 圆柱体拔模

单击特征工具条中的 ![draft] 拔模（draft）按钮，系统弹出【拔模】对话框，如图 2-5-5 所示。在【类型】下拉列表中选择【从平面】，【脱模方向】|【指定矢量】选择 ZC，【固定面】|【选择平面】中选择如图 2-5-6 所示平面，【要拔模的面】选择高度为 15mm 的圆柱面，【角度】为 15，单击 确定 按钮，结果如图 2-5-7 所示。

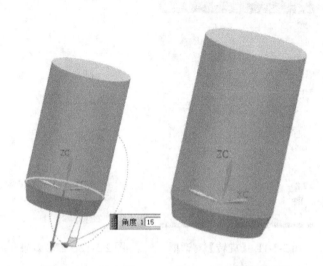

图 2-5-5 【拔模】对话框　　图 2-5-6 固定面　　图 2-5-7 拔模效果图

5. 创建草图

设置 21 层为当前工作层。选择下拉菜单【插入】(Insert)|【任务环境中的草图】(Sketch in Task Enviroment)，选择 YZ 平面，进入草图截面。单击 艺术样条（Studio Spine），弹出如图 2-5-8 所示对话框，【类型】选择通过点，4 个点的位置如图 2-5-9 所示，绘制艺术曲线，其中：第 1 点选择圆柱体顶部圆的象限点，且第一点约束类型为 G1 相切；选择与 Z 轴相切，效果如图 2-5-10 所示，然后退出草图界面。

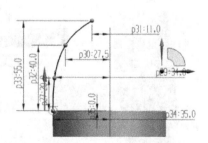

图 2-5-8 【艺术样条】对话框　　图 2-5-9 点位置（约束）　　图 2-5-10 艺术样条曲线

6. 旋转草图曲线

设置 1 层为当前工作层。单击【特征】工具条上 旋转（Revolve）按钮，弹出如图 2-5-11 所示对话框，在【截面】中选择草图 1，【轴】|【指定矢量】选择 ，指定点选顶面圆心，【极限】栏中选择【开始】值为 0，【结束】值为 360，【布尔】|【求和】|【选择体】中选择圆柱体 2，单击 确定 按钮，结果如图 2-5-12 所示。

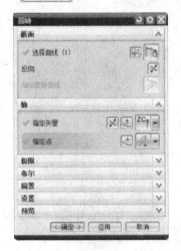  

图 2-5-11 【旋转】对话框　　图 2-5-12 旋转效果　　图 2-5-13 【求和】对话框

7. 布尔运算（求和）

单击【特征】工具条上 求和（Unite）按钮，弹出如图 2-5-13 所示对话框，在【目标】中选择瓶身上部，【工具】中选择瓶身底部，单击 确定 按钮，结果如图 2-5-14 所示。

8. 开槽 1

选择菜单中的【插入】(Insert)|【设计特征】(Design Feature)|【槽】(Groove)命令，或单击【特征】(Feature)工具条上 （开槽）按钮，系统弹出【槽】对话框，如图 2-5-15 所示。选择矩形槽。【放置面】选择拔模后的圆柱体，如图 2-5-16；槽直径为 64，宽度为 5。单击 确定 ，结果如图 2-5-17 所示。弹出【定位槽】目标边如图 2-5-18 箭头 1 所示，工具边如另一箭头所示，单击【确定】；弹出如图 2-5-19 所示【创建表达式】对话框，【P43】为 14，单击 确定 ，结果如图 2-5-20 所示。

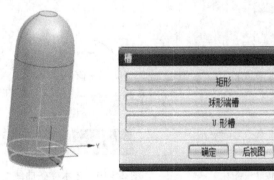  

图 2-5-14　求和效果　　图 2-5-15　【槽】对话框　　图 2-5-16　放置面

第二章 非曲面实体设计

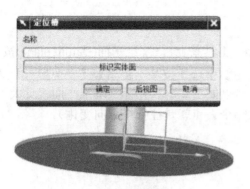

图 2-5-17 放置面效果

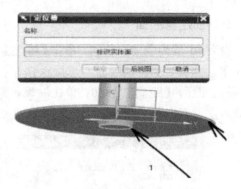

图 2-5-18 定位槽 1 目标边、工具边

图 2-5-19 【创建表达式】对话框

图 2-5-20 开槽 1 效果图

9. 开槽 2

选择菜单中的【插入】(Insert) |【设计特征】(Design Feature) |【槽】(Groove)命令，或单击【特征】(Feature)工具条上 （开槽）按钮，系统弹出【槽】对话框，选择矩形槽。【放置面】选择圆柱体 2，槽直径为 64，宽度为 5。单击 确定 ，弹出【定位槽】目标边如图 2-5-21 箭头 1 所示，工具边如另一箭头，单击【确定】；弹出【创建表达式】对话框，【P43】为 122.7，单击 确定 ，结果如图 2-5-22 所示。

图 2-5-21 定位槽 2 目标边、工具边

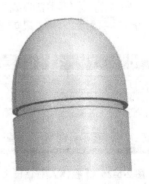

图 2-5-22 开槽 2 效果图

10. 创建基准面

设置 61 层为当前工作层。单击【特征】(Feature)工具条上 ☐ 基准平面(Datum plane)按钮，打开【基准平面】对话框如图 2-5-23 所示，在【类型】中选【按某一距离】，【平面参考】选择 XZ 基准平面，【距离】为 50；单击 确定 按钮，结果如图 2-5-24 所示（基准平面视觉大小的调节方法：双击基准平面，会出现 8 个夹点，拖动哪个夹点就是往哪个方向变化）。

图 2-5-23 【基准平面】对话框　　　　　　　图 2-5-24 基准面效果

11. 创建矩形腔体

设置 1 层为当前工作层。选择菜单中的【插入】(Insert)|【设计特征】(Design Feature)|【腔体】(Pocket)命令，或单击【特征】(Feature)工具条上 ▣ （腔体）按钮，系统弹出如图 2-5-25 所示【腔体】对话框，选择矩形。弹出【矩形腔体】对话框，其中【放置面】选择刚建立的基准平面 1，接受默认的指向圆柱体方向；单击【确定】按钮，提示选择水平参考，此时选择圆柱面，系统弹出矩形腔体参数对话框，如图 2-5-26 所示。长度为 88、宽度为 24、深度为 20、拐角半径为 4、底面半径为 3；单击【确定】按钮，弹出腔体【定位】对话框，如图 2-5-27 所示。定位模式：选择最后一个（线落在线上）；目标边、工具边如图 2-5-28 箭头所示（注意提示栏提示，目标边选 Z 轴）。第一次选完目标边、工具边后，系统又回到图 2-5-27 所示的【定位】对话框。此时，选择第 5 个定位模式：按一定距离平行。目标边选择 X 轴、工具边如图 2-5-29 箭头所示腔体宽度方向中心线（注：腔体放置面只能是平面），弹出【创建表达式】对话框，【P45】为 55，单击 确定 ，结果如图 2-5-30 所示。

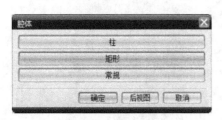

图 2-5-25 【腔体】对话框　　图 2-5-26 腔体参数对话框　　图 2-5-27 【定位】对话框

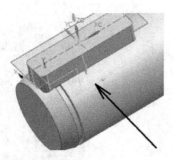 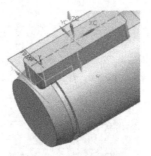 

图 2-5-28　定位目标边、工具边（长度方向）　　图 2-5-29　定位目标边、工具边（宽度方向）　　图 2-5-30　腔体效果图

12. 圆角 1

选择菜单中的【插入】(Insert)｜【细节特征】(Detail Feature)｜【边倒圆】(Edge Blend) 命令，或单击【特征】工具条上 边倒圆按钮，系统弹出【边倒圆】对话框，如图 2-5-31 所示。选择图 2-5-32 所示边缘，设置圆角半径为 2mm。单击 确定 ，结果如图 2-5-33 所示。

图 2-5-31　【边倒圆】对话框　　图 2-5-32　圆角边　　图 2-5-33　圆角 1 效果图

13. 圆形阵列

将显示方式改为着色模式（按住鼠标右键，选择弹出式着色图标 ）。

选择菜单中的【插入】(Insert)｜【关联复制】(Associative Copy)｜【对特征形成图样】(Pattern Feature) 命令，或单击【特征】工具条上 对特征形成图样按钮，系统弹出【对特征形成图样】对话框，如图 2-5-34 所示。选择刚创建的腔体和圆角 1 两个特征，【阵列定义】对话框中，布局为圆形，【旋转轴】指定矢量为选圆柱面，设置【角度和方向】数量为 6，节距角为 360°/6，如图 2-5-35 所示。单击 确定 ，结果如图 2-5-36 所示。

14. 球

选择菜单中的【插入】(Insert)｜【设计特征】(Design Feature) 命令，单击 【球】(Sphere)，系统弹出球对话框，如图 2-5-37 所示。在【类型】下拉列表中选择【中心点和直径】，在【中心点】｜【指定点】中选择 ，输入坐标点：xc=0、yc=0、zc=-58, 直径=100，【布尔运算】求差，选瓶身。单击 确定 按钮，结果如图 2-5-38 所示。

  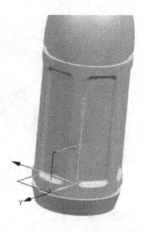

图 2-5-34 【对特征形成图样】对话框　　图 2-5-35 【阵列定义】对话框　　图 2-5-36 阵列效果图

图 2-5-37 【球】对话框　　图 2-5-38 球求差后效果图　　图 2-5-39 圆角 2 边缘

15. 圆角 2

选择菜单中的【插入】(Insert) |【细节特征】(Detail Feature) |【边倒圆】(Edge Blend) 命令，或单击【特征】工具条上 边倒圆按钮，系统弹出【边倒圆】对话框。选择图 2-5-39 箭头所示边缘，设置圆角半径为 5mm。单击 确定 ，结果如图 2-5-40 所示。

16. 圆角 3

单击【特征】工具条上 边倒圆按钮，选择图 2-5-41 箭头所示 5 个边缘（开槽 1、2 顶部边、瓶底内部边），设置圆角半径为 3mm。单击 确定 ，结果如图 2-5-42 所示。

图 2-5-40 圆角 2 效果图　　图 2-5-41 圆角 3 边缘　　图 2-5-42 圆角 3 效果图

17. 圆角 4

单击【特征】工具条上 ⬚ 边倒圆按钮,选择图 2-5-43 箭头所示 4 个边缘(开槽 1、2 的根部边),设置圆角半径为 2mm。单击 确定 ,结果如图 2-5-44 所示。

图 2-5-43 圆角 4 边缘

图 2-5-44 圆角 4 效果图

18. 抽壳

选择菜单中的【插入】(Insert)|【偏置/缩放】(Offset/Scale)|【抽壳】(Shell)命令,或单击【特征】工具条上 ⬚ 抽壳按钮,系统弹出【抽壳】对话框,如图 2-5-45。类型设为【移除面,然后抽壳】,厚度为 1mm。旋转图形,选择"瓶口部位"为移除面,单击 确定 ,结果如图 2-5-46 所示。

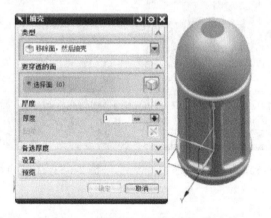
图 2-5-45 【抽壳】对话框和移除面

图 2-5-46 抽壳效果图

19. 创建瓶口凸台

选择下拉菜单中的【插入】(Insert)|【设计特征】(Design Feature)|【凸台】(Boss)命令,或单击【特征】(Feature)工具条上 ⬚ (凸台)按钮,系统弹出如图 2-5-47 所示【凸台】对话框。根据提示栏提示,选择如图箭头所示的放置面,并输入直径为 38,高度为 30,单击【确定】。弹出如图 2-5-48 所示的【定位】对话框。选择第 5 个(点落在点上),提示栏弹出提示:请选择目标对象(选如图 2-5-49 箭头所示的圆)。随后弹出如图 2-5-50 所示的【设置圆弧的位置】对话框,选择圆弧中心。结果如图 2-5-51 所示。

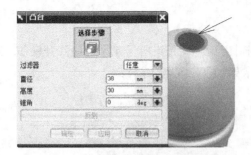
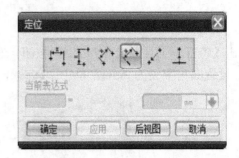

图 2-5-47 【凸台】对话框和放置面　　　　图 2-5-48 【定位】对话框

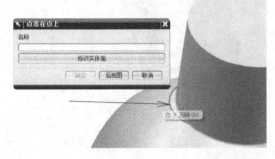
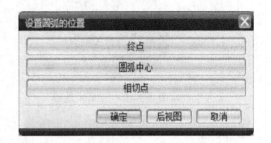

图 2-5-49 【点落在点上】对话框和选择的圆　　图 2-5-50 【设置圆弧的位置】对话框

图 2-5-51 凸台效果图　　　图 2-5-52 【孔】对话框　　　图 2-5-53 指定点位置

20. 创建瓶口通孔

选择下拉菜单中的【插入】(Insert)｜【设计特征】(Design Feature)｜【孔】(Boss)命令，或单击【特征】(Feature)工具条上 ![] (孔) 按钮，系统弹出如图 2-5-52 所示【孔】对话框。【类型】为常规孔，【位置】为指定点（单击 ![]），选择如图 2-5-53 箭头所示的顶圆圆心，【形状和尺寸】|【成形】为简单，如图 2-5-54 所示，直径为 18，深度为 50。单击 ![确定]，结果如图 2-5-55 所示。

21. 开槽 3

选择下拉菜单中的【插入】(Insert)｜【设计特征】(Design Feature)｜【槽】(Groove)命令，或单击【特征】(Feature)工具条上 ![] (开槽) 按钮，系统弹出【槽】对话框，选择矩形槽。【放置面】选择圆柱体凸台,槽直径为 20,宽度为 5。单击 [确定],弹出【定位槽】目标边如图 2-5-56 箭头 1 所示,工具边如另一箭头所示,单击【确定】,弹出【创建表达式】对话框,【P457】为 0。单击 [确定],结果如图 2-5-57 所示。

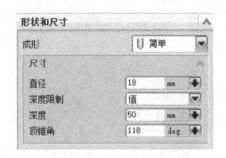

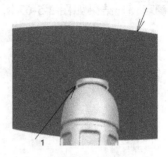

图 2-5-54　形状和尺寸设置　　　图 2-5-55　孔效果图　　　图 2-5-56　开槽 3 目标边和工具边

22. 开槽 4

步骤同上,【放置面】选择圆柱体凸台,槽直径为 20,宽度为 3。单击 [确定],弹出【定位槽】目标边如图 2-5-58 箭头 1 所示,工具边如另一箭头所示。单击【确定】,弹出【创建表达式】对话框,【P458】为 5。单击 [确定],开槽 4 效果如图 2-5-59 所示。

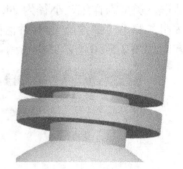

图 2-5-57　开槽 3 效果图　　　图 2-5-58　开槽 4 目标边和工具边　　　图 2-5-59　开槽 4 效果图

23. 开槽 5

步骤同上,【放置面】选择圆柱体凸台,槽直径为 28,宽度为 20。单击 [确定],弹出【定位槽】目标边如图 2-5-60 箭头 1 所示,工具边如另一箭头所示。单击【确定】,弹出【创建表达式】对话框,【P458】为 0,单击 [确定],结果如图 2-5-61 所示。

图 2-5-60　开槽 5 目标边和工具边　　　图 2-5-61　开槽 5 效果图

24. 倒斜角

单击【特征】(Feature)工具条上 倒斜角(Chamfer)按钮，系统弹出【倒斜角】对话框，如图 2-5-62 所示。【边】选择瓶口外缘边缘，【偏置】|【横截面】选对称，【距离】为 3mm。单击 确定 ，结果如图 2-5-63 所示。

图 2-5-62 【倒斜角】对话框和边　　　　图 2-5-63 倒斜角效果图

25. 攻螺纹

选择下拉菜单中的【插入】(Insert)|【设计特征】(Design Feature)|【螺纹】(Threads)命令，或单击【特征】(Feature)工具条上 （螺纹）按钮，系统弹出如图 2-5-64 所示【螺纹】对话框，类型为详细，小径为 24.5，长度为 18，螺距为 4。选择瓶口外圆柱面，点击【选择起始】按钮，弹出【螺纹/名称】对话框（图 2-5-65）和选择起始面提示，此时选择瓶口端面，攻螺纹方向如图 2-5-66 所示。单击 确定 ，结果如图 2-5-67 所示。

图 2-5-64 【螺纹】对话框和参数设置　　　　图 2-5-65 【螺纹/名称】对话框

26. 圆角 5、6、7

选择菜单中的【插入】(Insert)|【细节特征】(Detail Feature)|【边倒圆】(Edge Blend)命令，或单击【特征】工具条上 边倒圆按钮，系统弹出【边倒圆】对话框。选择图 2-5-68 所示边缘，设置圆角半径为 4mm。单击 确定 ，结果如图 2-5-69 所示。同理，依次选择图 2-5-70 所示边缘，设置圆角半径为 2mm。单击 确定 ，结果如图 2-5-71 所示。选择图 2-5-72 所示螺纹的外缘上下边缘，设置圆角半径为 0.5mm。单击 确定 ，结果如图 2-5-73 所示。隐藏草图、基准，最终整体效果如图 2-5-74 所示。

图 2-5-66　攻螺纹方向

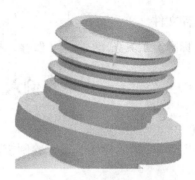
图 2-5-67　攻螺纹效果图

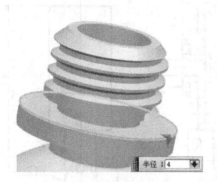
图 2-5-68　圆角 5 选择边

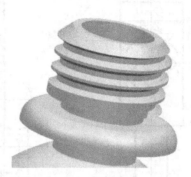
图 2-5-69　圆角 5 效果

图 2-5-70　圆角 6 选择边

图 2-5-71　圆角 6 效果

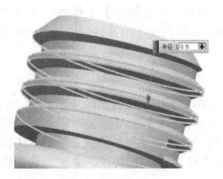
图 2-5-72　圆角 7 选择边

图 2-5-73　圆角 7 效果

图 2-5-74　整体效果

27. 保存文件

单击【标准】工具条上的 ■（保存）按钮保存文件。

实例六　管接头设计

【学习任务】

根据如图 2-6-1 所示管接头尺寸绘制模型。

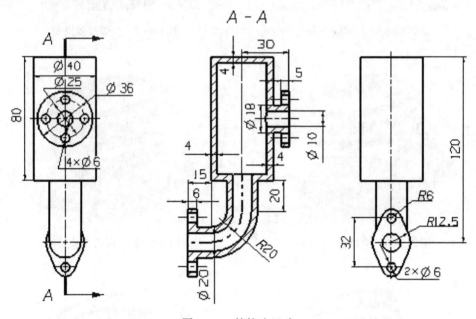

图 2-6-1　管接头尺寸

【学习目标】

① 熟练运用草图特征、扫描特征、基准特征、成形特征。
② 掌握"特征操作" 、"抽壳"(Shell)命令基本使用方法。

【操作步骤】

1. 新建文件

选择菜单中的【文件】(File)|【新建】(New) 命令，或选择 （创建一个新的文件）按钮，系统出现【新建】对话框，在【名称】栏中输入【pipe_joint】，在【单位】下拉框中选择【毫米】，单击 确定 按钮，创建一个文件名为 pipe_joint.prt、单位为毫米的文件，并自动启动【建模】应用程序。

2. 绘制左侧面管法兰盘截面草图

设置 21 层为当前工作层。选择菜单中的【插入】(Insert)|【任务环境中的草图】(Sketch in Task Environment) 命令，或单击【特征】工具条上 按钮，系统弹出【创建草图】对话框；在绘图区选择 ZC-XC 为草图绘制平面，单击【确定】按钮，进入草图绘制模式，绘制草图如图 2-6-2 所示，草图为完全约束。在【草图工具】工具条中选择 完成草图 按钮，系统回到建模界面，结果如图 2-6-3 所示。

第二章 非曲面实体设计

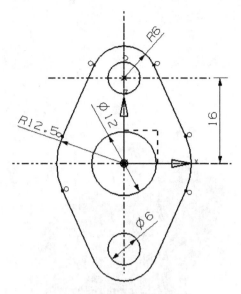

图 2-6-2 左侧法兰盘草图

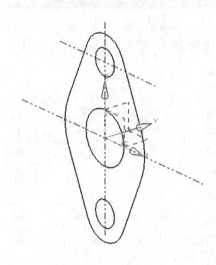

图 2-6-3 左侧法兰盘草图建模结果

技巧：可利用草图中的镜像功能完成对称部分草图。

3. 生成左侧管法兰盘座

设置 1 层为当前工作层。单击特征工具条中的 拉伸（Extrude），系统弹出如图 2-6-4 所示【拉伸】对话框，设置参数。选择上面绘制的左侧面管法兰盘截面草图为拉伸对象，**注意**拉伸方向**向右**。拉伸值为 6mm，布尔操作方式(Boolean)自动判断为选择【无】，单击 确定 按钮。

4. 继续向右拉伸生成一段直管体

单击特征工具条中的 "拉伸"（Extrude），系统弹出【拉伸】对话框，按图 2-6-5 所示设置偏置拉伸参数。选择前面拉伸的法兰盘座右侧面中间圆为拉伸对象，注意拉伸方向向右。拉伸值为 9mm，布尔操作方式(Boolean)选择【求和】，并设置【单侧】偏置，向外偏置值为 4mm。结果如图 2-6-6 所示。

5. 旋转生成一段弯管体

单击"实用程序"工具栏中 "WCS 原点"（Origin）按钮，在打开的【点】对话框中，在屏幕上选择上面绘制的直管体右边缘圆心为工作坐标原点。

单击特征工具条中的 "回转"（Revolve）按钮，系统弹出【回转】对话框。选择上面绘制的直管体边缘为旋转对象，选择 XC 轴为旋转轴，相对于 WCS 坐标为（0，0，20）点作为旋转点，旋转角度 90°，布尔操作方式(Boolean)选择【求和】，单击 确定 按钮，如图 2-6-7 所示，弯管部分预览将生成一段弯管体。

图 2-6-4 拉伸参数设置

技巧：在设计中可灵活设置坐标原点，以方便后续设置相关参数。

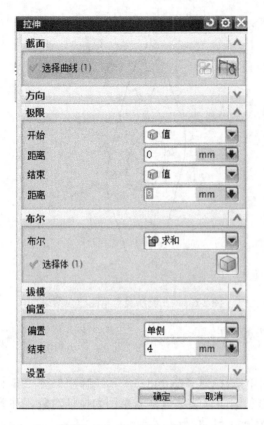
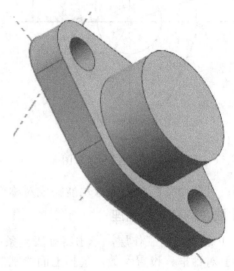

图 2-6-5　偏置拉伸设置　　　　　图 2-6-6　偏置拉伸结果

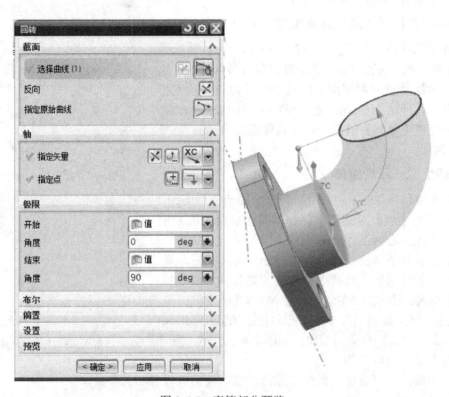

图 2-6-7　弯管部分预览

6. 继续向上拉伸生成一段直管体

单击特征工具条中的 "拉伸"（Extrude）按钮，选择上面绘制的弯管体上部边缘为拉伸对象，向上拉伸值为 20mm，布尔操作方式(Boolean) 自动判断为【求和】，关闭草图 21 图层，结果如图 2-6-8 所示。

技巧：在建模中可适当关闭暂时不需要的图层，以方便看图。

7. 生成圆柱型管体

单击特征工具条中的 "凸台"(Boss) 按钮或选择菜单中的【插入】(Insert)｜【设计特征】(Design Feature)｜【凸台】(Boss) 命令，弹出如图 2-6-9 所示【凸台】对话框。选择前面直管体上表面为圆台的放置面，在对话框中设置圆台参数，直径为 40mm，高度为 80mm，锥角为 0，单击鼠标中键或单击对话框中 应用 按钮。在弹出的【定位】对话框中选择 "点到点"按钮，然后选中直管体上表面的边缘，在弹出的【设置圆弧位置】对话框中单击【圆弧中心】按钮，完成圆柱型管体，如图 2-6-10 所示。

图 2-6-8　直管　　　　　图 2-6-9　【凸台】对话框　　　　　图 2-6-10　圆柱型管体

8. 创建右侧面管圆形盘

（1）创建基准平面

设置 62 层为当前工作层。首先创建基准平面，单击成形特征工具条中的 "基准平面"(Datum Plane) 按钮或选择菜单中的【插入】(Insert)｜【基准/点】(Datum/Point)｜【基准平面】(Datum Plane) 命令，弹出如图 2-6-11 所示【基准平面】对话框。依次选择圆柱面和右侧象限点，单击 应用 按钮，创建如图 2-6-12 所示的第一个基准平面。

然后选择刚创建的基准平面，在打开的对话框中设置偏置距离为 10mm，平面数量为 1，如图 2-6-13 所示，单击 应用 按钮，创建第二个基准平面，如图 2-6-14 所示，即绘制右侧面管圆形盘草图所在平面。继续依次选取圆柱顶面和底面，创建圆柱中间平面为第三个基准平面。再选取圆柱轴线创建第四个基准平面，四个基准平面如图 2-6-15 所示。

（2）绘制右侧面管圆形盘截面草图

设置 22 层为当前工作层。选择菜单中的【插入】(Insert)｜【任务环境中的草图】(Sketch in Task Environment) 命令，或单击【特征】工具条上 按钮，系统弹出【创建草图】对话框；在绘图区选择第二基准平面为草图绘制平面，单击【确定】按钮，进入草图绘制模式，绘制草图如图 2-6-16 所示，草图为完全约束。在【草图工具】工具条中选择 完成草图 按钮，系统回到建模界面。

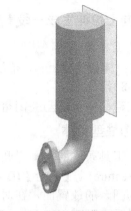

图 2-6-11 【基准平面】对话框　　　图 2-6-12 第一基准平面

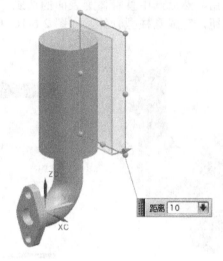

图 2-6-13 基准平面偏置　　　图 2-6-14 第二基准平面

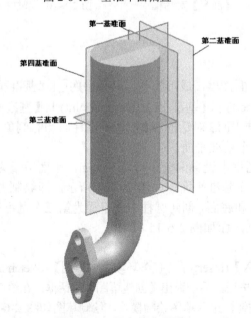
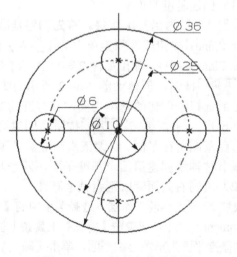

图 2-6-15 四个基准平面　　　图 2-6-16 圆形盘截面草图

技巧：利用第三、第四基准面对草图中圆心的位置进行定位。

（3）创建圆盘

设置 1 层为当前工作层。单击特征工具条中的 ![] "拉伸"（Extrude）按钮，系统弹出【拉伸】对话框。选择刚绘制的右侧面管圆形盘截面草图为拉伸对象，**注意**向内拉伸。拉伸值为 5mm，布尔操作方式(Boolean)自动判断【无】，单击 确定 按钮，圆形圆盘结果如图 2-6-17 所示。

9. 创建圆盘与接头主体的连接部分

关闭草图 22、基准 62 图层。单击特征工具条中的 ![] "凸台"(Boss) 按钮或选择菜单中的【插入】(Insert)|【设计特征】(Design Feature)|【凸台】(Boss) 命令，弹出【凸台】对话框。选择圆盘左侧平面为凸台的放置面，在对话框中设置凸台参数，直径为 18mm，高度大于 6mm 以保证与主体连接，锥角 0，单击鼠标中键或单击对话框中 应用 按钮。在弹出的【定位】对话框中选择 "点到点"按钮，然后选中圆盘的圆边缘，在弹出的【设置圆弧位置】对话框中单击【圆弧中心】按钮，得到凸台结果如图 2-6-18 所示。

图 2-6-17　圆形圆盘

图 2-6-18　凸台

10. 合并形成完整实体

单击 ![] "求和"(Unite) 按钮或选择菜单中的【插入】(Insert)|【组合体】(Combine Bodies)|【求和】(Unite)命令，作布尔【求和】运算，把第 2～7 步和第 8～9 步完成的实体合并为一个实体。

11. 抽壳形成管体

单击特征工具条中的 ![] "抽壳"(Shell) 按钮或选择菜单中的【插入】(Insert)|【偏置/缩放】(Offset/Scale)|【抽壳】(Shell) 命令，弹出如图 2-6-19 所示【抽壳】对话框，在【抽壳】对话框中类型设为【移除面，然后抽壳】，将视图适当旋转，选择管体部分最左侧平面和最右侧平面，抽壳厚度设为 4mm，单击 确定 按钮，抽壳完成。为观察抽壳效果，结果以静态线框 ![] 显示，最后的管接头如图 2-6-20 所示。

12. 保存文件

单击【标准】工具条上的 ![] 保存（Save）按钮保存文件。

图 2-6-19 【抽壳】对话框

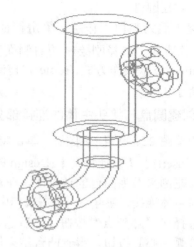
图 2-6-20 最后的管接头

实例七 齿轮设计

【学习任务】

已知：标准齿轮的模数 m=2.5mm、齿数 z=36、压力角 α=20，绘制如图 2-7-1 所示齿轮模型。

图 2-7-1 齿轮模型

【学习目标】

① 掌握用 规律曲线(Law Curve) 创建渐开线的制作方法。

② 学会利用表达式(Expression) 来建立参数之间的关联，利用表达式来编辑修改图形。掌握表达式作为文件的导出和导入操作。

【操作步骤】

1. 新建文件

选择菜单中的【文件】(File)｜【新建】(New) 命令，或选择 （创建一个新的文件）按钮，系统出现【新建】对话框，在【名称】栏中输入【gear】，在【单位】下拉框中选择【毫米】，单击 确定 按钮，创建一个文件名为 gear.prt、单位为毫米的文件，并自动启动【建模】应用程序。

2. 用表达式建立齿轮渐开线参数方程

选择菜单中的【工具】(Tools)｜【表达式】（Expression）命令，弹出【表达式】对话框，如图 2-7-2 所示，在类型中选择"数量"，在名称中输入表达式名称 m，采用长度单位选择 mm，在"公式 "文本框中输入 2.5，按回车键或者单击 （接受编辑）按钮，刚刚输入的表达式将出现在对话框中间的列表栏中。

注意：表达式是用于控制模型参数的数学或条件语句，它是 UG 参数化建模的重要工具，UG 提供了类 C 语言的表达式模式。

继续按上面的方法依次输入齿轮的其他参数和尺寸。

① 在表达式类型中仍为"数量"，但因齿数无单位，故选择"恒定"，在名称中输入表达式名称 z，在"公式 "文本框中输入 36，单击 按钮；

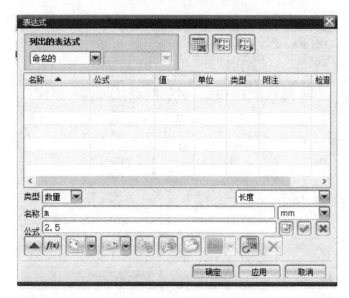

图 2-7-2 【表达式】对话框

② 在表达式中采用"角度"单位选择 degrees，在名称中输入表达式名称 a，在"公式"文本框中输入 20，单击 ✓ 按钮；

③ 在表达式中采用"恒定"，在名称中输入表达式名称 t，在"公式"文本框中输入 0，单击 ✓ 按钮；

④ 在表达式中采用"角度"单位选择 degrees，在名称中输入表达式名称 alf，在"公式"文本框中输入 90*t，单击 ✓ 按钮；

⑤ 在表达式采用"长度"单位选择 mm，在名称中输入表达式名称 r，在"公式"文本框中输入 m*z/2，单击 ✓ 按钮；

⑥ 在表达式中采用"长度"单位选择 mm，在名称中输入表达式名称 rb，在"公式"文本框中输入 m*z*cos(a)/2，单击 ✓ 按钮；

⑦ 在表达式中采用"长度"单位选择 mm，在名称中输入表达式名称 rf，在"公式"文本框中输入 m*(z-2.5)/2，单击 ✓ 按钮；

⑧ 在表达式中采用"长度"单位选择 mm，在名称中输入表达式名称 ra，在"公式"文本框中输入 m*(z+2)/2，单击 ✓ 按钮；

⑨ 在表达式中采用"恒定"，在名称中输入表达式名称 xt，在"公式"文本框中输入 rb*(cos(alf)+alf*pi()/180*sin(alf))，单击 ✓ 按钮；

⑩ 在表达式中采用"恒定"，在名称中输入表达式名称 yt，在"公式"文本框中输入 rb*(sin(alf)-alf*pi()/180*cos(alf))，单击 ✓ 按钮；

⑪ 在表达式中采用"恒定"，在名称中输入表达式名称 zt，在"公式"文本框中输入 0，单击 ✓ 按钮。

所有表达式输入完后，输入的表达式如图 2-7-3 所示。单击 确定 按钮，退出【表达式】对话框。

技巧：齿轮的主要尺寸可利用齿轮的基本参数 m、z、α 来表达，所以要先定义基本参数 m、z、α 的表达式，再定义其他表达式。遵循先定义后引用的原则。

注意：在 UG 中，系统默认 t 为参数方程的参数，其值是从 0 变化到 1，是自动变化的，并用 xt、yt、zt 分别表示 X、Y、Z 3 个参数方程的函数名。

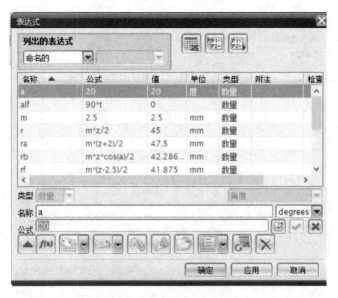

图 2-7-3　输入的表达式

以上根据齿轮的计算公式分别定义了齿轮的模数 m、齿数 z、压力角 a、渐开线展开角 alf、分度圆 r、基圆 rb、齿根圆 rf、齿顶圆 ra 和渐开线 X、Y、Z　3 个参数方程。

为方便参数化设计其他齿轮，可将上述"表达式"输出到一个文件中保存起来，以供其他齿轮调用，方法是：单击【表达式】对话框中的 ▦（导出表达式到文件）按钮，在打开的【导出表达式文件】对话框中输入文件名，导出表达式文件如图 2-7-4 所示，如 gear 默认扩展名为.exp，可用记事本打开检查。在制作其他齿轮时，只要单击【表达式】对话框中的 ▦（从文件导入表达式）按钮，便可将以前输入的齿轮表达式导入到当前文件的表达式中，不需要再重复输入，避免烦琐和失误，然后只要修改基本参数 m、z、a 就可得到不同的渐开线。

图 2-7-4　导出表达式文件

3. 绘制渐开线

设置 41 层为当前工作层（因为渐开线属于曲线，按图层约定放在 41 层）。

选择菜单中的【插入】(Insert)|【曲线】(Curve)|【规律曲线】（Law curve）命令，或选择 规律曲线（Law curve）按钮，系统出现【规律曲线】对话框（见图 2-7-5），在【规律曲线】对话框中，分别定义 X 规律类型为 "根据方程"，参数为 "t"，函数为 "xt"；Y 规律类型为 "根据方程"，参数为 "t"，函数为 "yt"；Z 规律类型为 "根据方程"，参数为 "t"，函数为 "zt"，即根据表达式里定义的以 t 为参数的 xt、yt、zt 来定义 X、Y、Z，所以只要按默认的设置，然后确定坐标系，单击 确定 按钮便可。结果在 XC-YC 平面上生成一段渐开线，如图 2-7-6 所示。

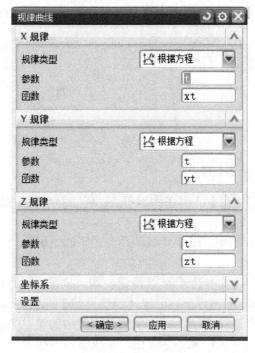
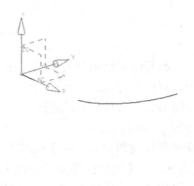

图 2-7-5 【规律曲线】对话框　　　　图 2-7-6 渐开线

技巧：定义规律曲线时，要对 X、Y、Z 分别定义。
注意：如果不确定坐标系，则使用当前的工作坐标系。

4. 绘制出一个完整的渐开线轮齿的齿廓曲线

设置 21 层为当前工作层。

（1）投影渐开线。选择菜单中的【插入】(Insert)|【任务环境中的草图】(Sketch in Task Environment)命令，或单击【特征】工具条上 (草图)按钮，系统弹出【创建草图】对话框；在绘图区选择 XC-YC 为草图绘制平面，单击【确定】按钮，进入草图绘制模式。在草图模式中，选择菜单中的【插入】(Insert)|【处方曲线】（Recipe Curve）|【投影曲线】(Project Curve) 命令或使用草图工具中 "投影" 按钮，打开【投影曲线】对话框，并去掉关联，如图 2-7-7 所示。

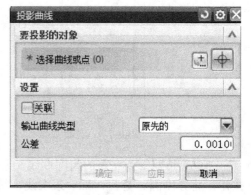

图 2-7-7 【投影曲线】对话框

选择渐开线，将渐开线投影到草图中，得到一条草图曲线，然后将原来的渐开线隐藏。

（2）继续在草图上绘制分度圆、基圆、齿根圆、齿顶圆，可利用表达式定义的 r、rb、rf、ra 尺寸去约束圆的大小。

（3）继续在草图上绘制两条直线，如图 2-7-8 所示。第一条直线 OA 起点为圆心点，终点为分度圆和渐开线的交点。第二条直线与第一条直线夹角为 90°/z。

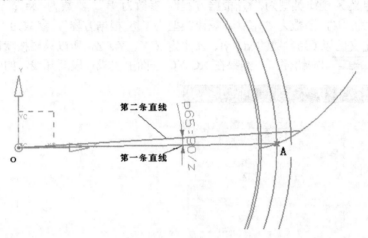

图 2-7-8　两条直线

（4）修剪渐开线和绘制过渡圆弧。在【草图工具】工具条中选择 ￫（快速修剪）按钮，修剪掉超出齿顶圆的渐开线。

在【草图工具】工具条中，选择 ￢（圆角）按钮，在渐开线基圆与齿根圆上采用一小段圆弧过渡。如图 2-7-9 所示。

（5）镜像渐开线和圆弧。在【草图工具】工具条中选择 ￪（镜像曲线）按钮，或选择菜单【插入】（Insert）|【来自曲线集的曲线】（Curve from Curves）|【镜像曲线】（Mirror Curve）命令，系统出现【镜像曲线】对话框，在图形中选择图 2-7-8 所示两条直线中的第二条直线为镜像中心线，接着选择渐开线曲线和圆弧，最后单击 确定 按钮，完成镜像曲线操作，得到另一对称渐开线齿廓如图 2-7-10 所示。

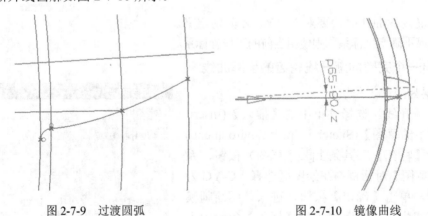

图 2-7-9　过渡圆弧　　　　　　　图 2-7-10　镜像曲线

（6）修剪得到完整的齿廓曲线。先在【草图工具】工具条中选择 ￫（转换至/自参考对象）按钮，将分度圆、基圆、第一条直线、第二条直线转为参考线，然后在【草图工具】工具条中选择 ￫（快速修剪）按钮，修剪齿根圆和齿顶圆。齿廓截面草图如图 2-7-11 所示。在【草图工具】工具条中选择 完成草图 按钮,系统回到建模界面。

5. 创建一个齿廓实体

设置 1 层为当前工作层。单击特征工具条中的 "拉伸"(Extrude)按钮,系统弹出【拉伸】对话框。选择上面绘制的齿廓草图,向上拉伸 5mm,布尔操作方式(Boolean)自动判断选择【无】,单击 确定 按钮,齿廓实体结果如图 2-7-12 所示。

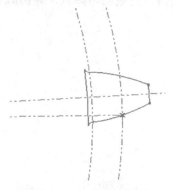
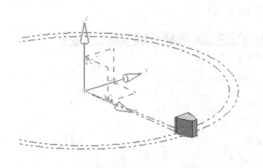

图 2-7-11　齿廓截面草图　　　　　　　　图 2-7-12　齿廓实体

6. 创建中间圆柱体

单击【特征】工具条上 (Cylinder)按钮,在打开的【圆柱体】对话框中,选择根据【轴、直径和高度】的创建方法,圆柱的轴向为 Z 正向,直径利用表达式在【直径】文本框中输入"rf*2",高度为 5mm,布尔操作方式(Boolean)选择【求和】,【圆柱】参数设置如图 2-7-13 所示,单击 确定 按钮,关闭 21 层,中间圆柱实体结果如图 2-7-14 所示。

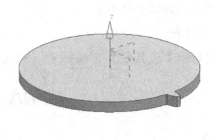

图 2-7-13　【圆柱】参数设置　　　　　　图 2-7-14　中间圆柱实体

7. 阵列轮齿

选择菜单中的【插入】(Insert) | 【关联复制】(Associative Copy) | 【对特征形成图样】(Pattern Feature) 命令，或单击【特征】工具条上 对特征形成图样按钮，系统弹出【对特征形成图样】对话框，进入"选择特征"，选择"拉伸"特征为形成图样特征，阵列定义为圆形，再确定圆形阵列轴的方向和中心点，以+Z 为轴向，(0, 0, 0) 为参考中心点，如图 2-7-15 所示，数量为齿数 z 个，节距角度为 360°/z，单击 确定 按钮，完成圆形阵列，轮齿阵列结果如图 2-7-16 所示。

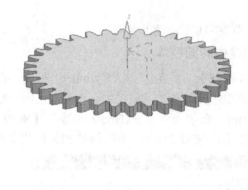

图 2-7-15　对特征形成图样参数设置　　　　图 2-7-16　轮齿阵列结果

注意： 有布尔操作的特征的引用阵列必须与父实体保持相交。

不是所有的特征都能引用，壳、倒圆、倒角、偏置片体、基准、修剪的片体、拔锥,以及修剪体与自由形状特征不能引用。

8. 保存文件

单击【标准】工具条上的 保存 (Save) 按钮保存文件。

实例八　车轮设计

【学习任务】

根据如图 2-8-1 所示车轮效果图图形绘制车轮实体模型。

【学习目标】

能够熟练使用草图特征（ ）、扫描特征（拉伸 Extrude、回转 Revolve、 管道 Tube）、细节特征（ 圆角 Edge Blend）、投影曲线 Project、 对特征形成图样(Pattern Feature)、 艺术样条（Studio Spine）等命令，灵活绘制日常用品模型。

第二章　非曲面实体设计

图 2-8-1　车轮效果图

【操作步骤】

1. 新建文件

选择菜单中的【文件】(File) |【新建】(New)命令，或选择 ☐ （创建一个新的文件），系统出现【新建】对话框，在【名称】栏中输入【wheel】，在【单位】下拉框中选择【毫米】，单击 确定 按钮，创建一个文件名为 wheel.prt、单位为毫米的文件，并自动启动【建模】应用程序。

2. 创建草图 1

设置 21 层为当前工作层。选择下拉菜单【插入】(Insert)|【任务环境中的草图】(Sketch in Task Enviroment)，选择 XZ 平面，进入草图截面。绘制草图 1 如图 2-8-2 所示，并退出草图界面。

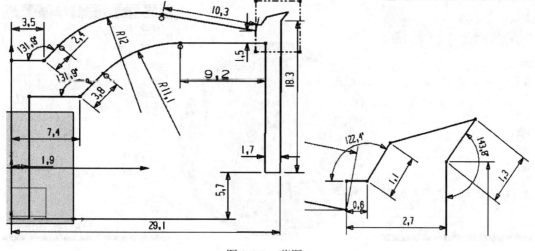

图 2-8-2　草图 1

3. 旋转草图曲线，构建轮毂主体

设置 1 层为当前工作层。单击【特征】工具条上 🗇 回转（Revolve）按钮，弹出如图 2-8-3 所示对话框，在【截面】中选择草图 1，【轴】|【指定矢量】选择 ZC，指定点选原点，【极限】栏中选择【开始】值为 0，【结束】值为 360，单击 确定 按钮，结果如图 2-8-4 所示。

4. 创建草图 2

设置 22 层为当前工作层。选择下拉菜单【插入】(Insert)|【任务环境中的草图】(Sketch in Task Enviroment)，选择 XY 平面，进入草图。绘制如图 2-8-5 草图 2 所示，并退出草图界面。

图 2-8-3 【旋转】对话框

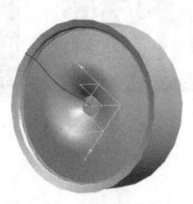
图 2-8-4 旋转效果

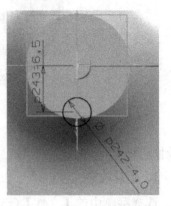
图 2-8-5 草图 2

5. 拉伸草图 2

设置 2 层为当前工作层。单击【特征】工具条上 拉伸（Extrude）按钮，如图 2-8-6 所示，在【截面】中选择草图 2，【方向】选择 ZC，【极限】栏中选择【开始】为 0，【结束】为 30，【布尔】|【求差】|【选择体】中选择轮毂，单击 确定 按钮，结果如图 2-8-7 所示。

图 2-8-6 【拉伸】对话框

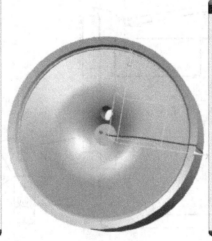
图 2-8-7 拉伸效果

图 2-8-8 【边倒圆】对话框

6. 边圆角 1

选择菜单中的【插入】(Insert) |【细节特征】(Detail Feature) |【边倒圆】(Edge Blend) 命令，或单击【特征】工具条上 边倒圆按钮，系统弹出【边倒圆】对话框，如图 2-8-8 所示。选择图 2-8-9 箭头所示边缘，设置圆角半径为 0.3mm。单击 确定 ，结果如图 2-8-10 所示。

第二章　非曲面实体设计

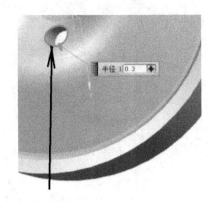

图 2-8-9　圆角 1 的边

图 2-8-10　边圆角 1 效果

7. 圆形阵列 1

选择菜单中的【插入】(Insert)｜【关联复制】(Associative Copy)｜【对特征形成图样】(Pattern Feature) 命令，或单击【特征】工具条上 对特征形成图样按钮，系统弹出【对特征形成图样】对话框，如图 2-8-11 所示。选择刚创建拉伸对象，【阵列定义】布局为圆形，【旋转轴】指定矢量为选圆柱面，【角度和方向】数量为 5、节距角为 360°/5。单击 确定 ，结果如图 2-8-12 所示。

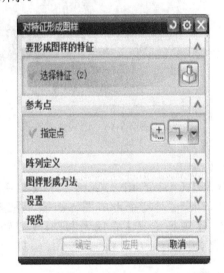

图 2-8-11　【对特征形成图样】对话框

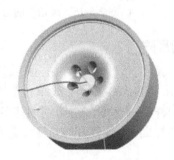

图 2-8-12　阵列 1 效果

8. 创建草图 3

设置 23 层为当前工作层。选择下拉菜单【插入】(Insert)|【任务环境中的草图】(Sketch in Task Enviroment)，选择 XY 平面，进入草图。绘制如图 2-8-13 所示的草图 3，并退出草图界面。

9. 拉伸草图 3

设置 3 层为当前工作层。单击【特征】工具条上 拉伸 (Extrude) 按钮，在【截面】中选择草图 3，【方向】选择 ，【极限】栏中选择【开始】为 0，【结束】为 30，【布尔】|【求差】|【选择体】中选择轮毂，单击 确定 按钮，结果如图 2-8-14 所示。

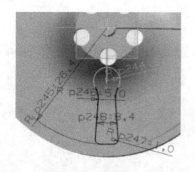

图 2-8-13　草图 3　　　　　　图 2-8-14　拉伸草图 3 效果

10. 边圆角 2

选择菜单中的【插入】(Insert)｜【细节特征】(Detail Feature)｜【边倒圆】(Edge Blend)命令，或单击【特征】工具条上 边倒圆按钮，系统弹出【边倒圆】对话框。选择图 2-8-15 箭头所示边缘，设置圆角半径为 0.2mm。单击 确定 ，结果如图 2-8-16 所示。

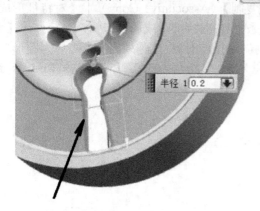
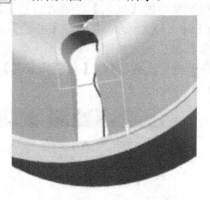

图 2-8-15　圆角 2 的边　　　　　　图 2-8-16　边圆角 2 效果

11. 圆形阵列 2

选择菜单中的【插入】(Insert)｜【关联复制】(Associative Copy)｜【对特征形成图样】(Pattern Feature)命令，或单击【特征】工具条上 对特征形成图样按钮，系统弹出【对特征形成图样】对话框。选择刚创建的拉伸对象，【阵列定义】布局为圆形，【旋转轴】指定矢量为选圆柱面，【角度和方向】数量为 9、节距角为 360°/9。单击 确定 ，结果如图 2-8-17 所示。

12. 创建草图 4

设置 24 层为当前工作层。选择下拉菜单【插入】(Insert)|【任务环境中的草图】(Sketch in Task Enviroment)，选择 XY 平面，进入草图。绘制如图 2-8-18 所示的草图 4，并退出草图界面。

13. 拉伸草图 4

设置 4 层为当前工作层。单击【特征】工具条上 拉伸（Extrude）按钮，如图 2-8-6，在【截面】中选择草图 4，【方向】选择 ZC，【极限】栏中选择【开始】为 0，【结束】为 30，【布尔】|【求差】|【选择体】中选择轮毂，单击 确定 按钮，结果如图 2-8-19 所示。

第二章 非曲面实体设计

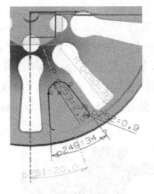

图 2-8-17　阵列 2 效果　　　　图 2-8-18　草图 4　　　　图 2-8-19　拉伸草图 4 效果

14. 边圆角 3

选择菜单中的【插入】(Insert) |【细节特征】(Detail Feature) |【边倒圆】(Edge Blend) 命令，或单击【特征】工具条上 边倒圆按钮，系统弹出【边倒圆】对话框。选择图 2-8-20 箭头所示边缘，设置圆角半径为 0.2mm。单击 确定 ，结果如图 2-8-21 所示。

15. 圆形阵列 3

选择菜单中的【插入】(Insert) |【关联复制】(Associative Copy) |【对特征形成图样】(Pattern Feature) 命令，或单击【特征】工具条上 对特征形成图样按钮，系统弹出【对特征形成图样】对话框。选择刚创建拉伸对象，【阵列定义】布局为圆形，【旋转轴】指定矢量为选圆柱面，【角度和方向】数量为 9、节距角为 360°/9。单击 确定 ，结果如图 2-8-22 所示。

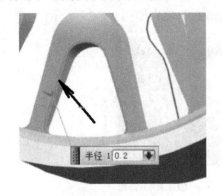

图 2-8-20　圆角 3 的边　　　　图 2-8-21　边圆角 3 效果　　　　图 2-8-22　阵列 3 效果

16. 创建草图 5

关闭图层 21、22、23、24。设置 25 层为当前工作层。选择下拉菜单【插入】(Insert)|【任务环境中的草图】(Sketch in Task Enviroment)，选择 XY 平面，进入草图。绘制如图 2-8-23 所示的草图 5，并退出草图界面。

17. 拉伸草图 5

设置 5 层为当前工作层。单击【特征】工具条上 拉伸 (Extrude) 按钮，如图 2-8-6，在【截面】中选择草图 4，【方向】选择 ZC，【极限】栏中选择【开始】为 0，【结束】为 30，【布尔】|【求差】|【选择体】中选择轮毂，单击 确定 按钮，结果如图 2-8-24 所示。

18. 圆形阵列 4

选择菜单中的【插入】(Insert) |【关联复制】(Associative Copy) |【对特征形成图样】(Pattern Feature) 命令，或单击【特征】工具条上 对特征形成图样按钮，系统弹出【对特征形成图样】对话框，如图 2-8-11。选择刚创建拉伸对象，【阵列定义】布局为圆形，【旋转轴】指定矢量为选圆柱面，【角度和方向】数量为 5、节距角为 360°/5。单击 确定 ，结果如图 2-8-25 所示。

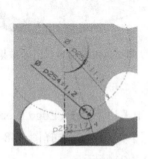  

图 2-8-23 草图 5　　　图 2-8-24 拉伸草图 5 效果　　　图 2-8-25 阵列 4 效果

19. 边圆角 4 和 5

选择菜单中的【插入】(Insert) |【细节特征】(Detail Feature) |【边倒圆】(Edge Blend) 命令，或单击【特征】工具条上 边倒圆按钮，系统弹出【边倒圆】对话框。选择图 2-8-26 箭头所示边缘以及其他一些边缘，设置圆角半径为 0.3mm。单击 确定 ，结果如图 2-8-27 所示。同样，设置圆角半径为 0.5mm（图 2-8-28），创建边圆角 5 的效果如图 2-8-29 所示。

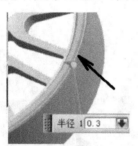 

图 2-8-26 边圆角 4 的边　　　图 2-8-27 边圆角 4 效果

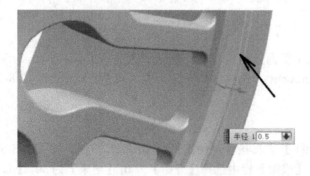 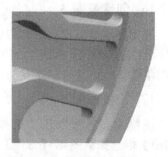

图 2-8-28 边圆角 5 的边　　　图 2-8-29 边圆角 5 效果

20. 创建草图 6

设置 26 层为当前工作层。选择下拉菜单【插入】(Insert)|【任务环境中的草图】(Sketch in Task Enviroment)，选择 XY 平面，进入草图。绘制如图 2-8-30 所示的草图 6，并退出草图界面。

21. 拉伸草图 6

设置 5 层为当前工作层。单击【特征】工具条上 拉伸（Extrude）按钮，在【截面】中选择草图 4，【方向】选择 ，【极限】栏中选择【开始】为 0，【结束】为 30，【布尔】|【求差】|【选择体】中选择轮毂，单击 确定 按钮，并关闭 26 层，结果如图 2-8-31 所示。

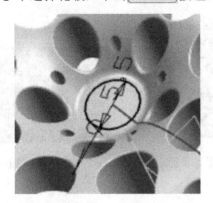 

图 2-8-30 草图 6　　　　　　　　　图 2-8-31 拉伸草图 6 效果

22. 边圆角 6

选择菜单中的【插入】（Insert）|【细节特征】（Detail Feature）|【边倒圆】（Edge Blend）命令，或单击【特征】工具条上 边倒圆按钮，系统弹出【边倒圆】对话框。选择图 2-8-32 箭头所示边缘以及其他一些边缘，设置圆角半径为 0.3mm。单击 确定 ，结果如图 2-8-33 所示。

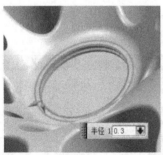 

图 2-8-32 边圆角 6 的边　　　　　　图 2-8-33 圆角 6 效果

23. 创建基准平面

设置 61 层为当前工作层。选择菜单中的【插入】（Insert） |【基准/点】（Datum/Point）|【基准平面】（Datum Plane）命令，或单击【特征】（Feature）工具条上 基准平面(Datum Plane)按钮，打开【基准平面】对话框（图 2-8-34），在【类型】中选"按某一距离"，【平面参考】选择 XZ 基准平面，【距离】为 34.5；单击 确定 按钮，创建基准平面的结果如图 2-8-35 所示。

24. 创建草图 7

设置 27 层为当前工作层。选择下拉菜单【插入】(Insert)|【任务环境中的草图】(Sketch in Task Enviroment)，选择基准平面，进入草图截面。单击 艺术样条（Studio Spine）绘制如图 2-8-36 所示的样条曲线。

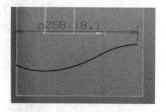

图 2-8-34 【基准平面】对话框　　图 2-8-35 基准平面　　图 2-8-36 草图 7 样条曲线

25. 创建草图 8

设置 28 层为当前工作层。选择下拉菜单【插入】(Insert)|【任务环境中的草图】(Sketch in Task Enviroment)，选择基准平面，进入草图截面。单击 艺术样条（Studio Spine）绘制如图 2-8-37 所示的样条曲线。

26. 投影草图 7 和草图 8

设置 41 层为当前工作层。选择下拉菜单【插入】(Insert)|【来自曲线集的曲线】(Curvefrom Curves)|【投影】(Project)，弹出如图 2-8-38 所示的对话框。要投影的曲线选择草图 7，投影对象选择轮胎，投影方向选择 。单击 确定 按钮，关闭 27 层，结果如图 2-8-39 所示。同理创建投影草图 8，结果如图 2-8-40 所示。

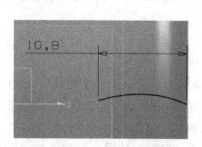

图 2-8-37 草图 8 样条曲线　　图 2-8-38 【投影曲线】对话框

图 2-8-39 投影草图 7

图 2-8-40 投影草图 8

27．创建管道 1

选择下拉菜单【插入】(Insert)|【扫掠】(Sweep)|【管道】(Tube)。弹出如图 2-8-41 所示的对话框。路径选择投影 7，外径为 0.8，内径为 0,【布尔】|【求差】|【选择体】中选择轮胎，单击 确定 按钮，结果如图 2-8-42 所示。同理创建管道 2，结果如图 2-8-43 所示。

28．边圆角 7

选择菜单中的【插入】(Insert)|【细节特征】(Detail Feature)|【边倒圆】(Edge Blend)命令，或单击【特征】工具条上 边倒圆按钮，系统弹出【边倒圆】对话框。选择管道的两头边，设置圆角半径为 0.3mm。单击 确定 ，结果如图 2-8-44 所示。同理制作管道 2 的边圆角。

图 2-8-41 【管道】对话框

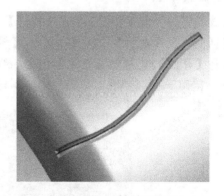
图 2-8-42 管道 1 效果

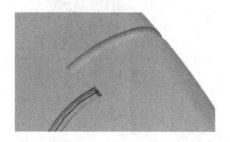
图 2-8-43 管道 2 效果

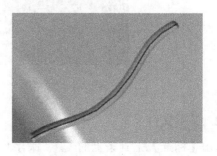
图 2-8-44 管道 1 圆角

29. 管道圆形阵列

选择菜单中的【插入】(Insert)|【关联复制】(Associative Copy)|【对特征形成图样】(Pattern Feature)命令，或单击【特征】工具条上 对特征形成图样按钮，系统弹出【对特征形成图样】对话框。选择刚创建拉伸对象，【阵列定义】布局为圆形，【旋转轴】指定矢量为选圆柱面，【角度和方向】数量为 90、节距角为 360°/90°。单击 确定 ，结果如图 2-8-45 所示。同理对管道 2 进行圆形阵列，结果如图 2-8-46 所示。

图 2-8-45　管道 1 圆形阵列效果　　　　图 2-8-46　管道 2 圆形阵列效果

30. 创建草图 9

设置 29 层为当前工作层。选择下拉菜单【插入】(Insert)|【任务环境中的草图】(Sketch in Task Enviroment)，选择 XZ 平面，进入草图截面。绘制如图 2-8-47 所示的草图 9。

31. 旋转草图 9

设置 5 层为当前工作层。单击【特征】工具条上 回转（Revolve）按钮，弹出如图 2-8-3 所示对话框，在【截面】中选择草图 9，【轴】|【指定矢量】选择 ，指定点选原点，【极限】栏中选择【开始】值为 0，【结束】值为 360，单击 确定 按钮。按住 Ctrl+W，单击草图 、基准 ，隐藏草图、基准。结果如图 2-8-48 所示。

图 2-8-47　草图 9　　　　图 2-8-48　回转效果

32. 保存文件

单击【标准】工具条上的 （保存）按钮保存文件。

拓展练习题

绘制如图 2-ex-1～图 2-ex-10 所示的模型。

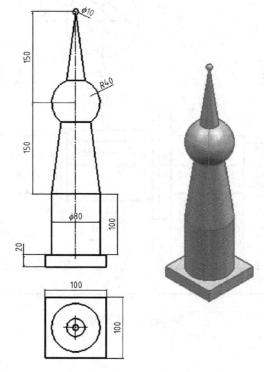

图 2-ex-1　组合体

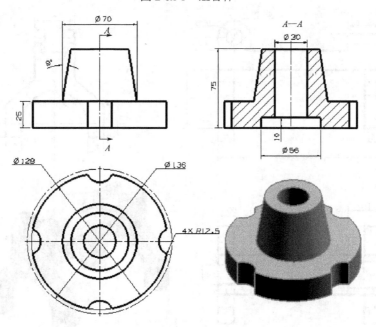

图 2-ex-2　法兰座

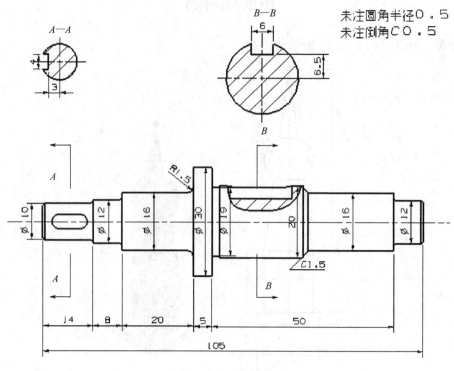

图 2-ex-3　阶梯轴

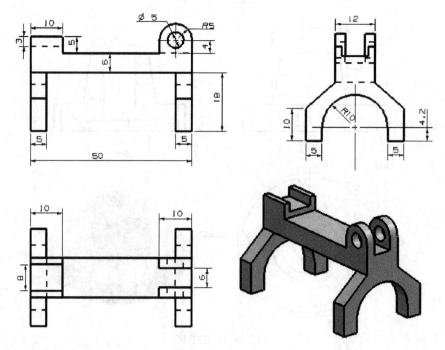

图 2-ex-4　托架

第二章 非曲面实体设计

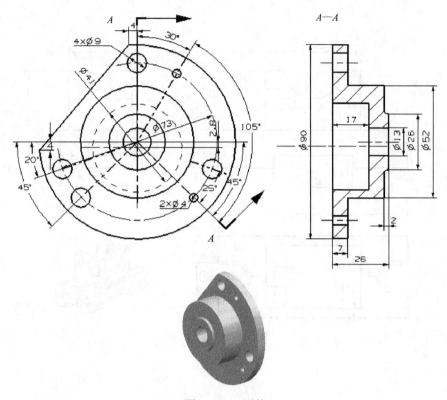

图 2-ex-5　泵体

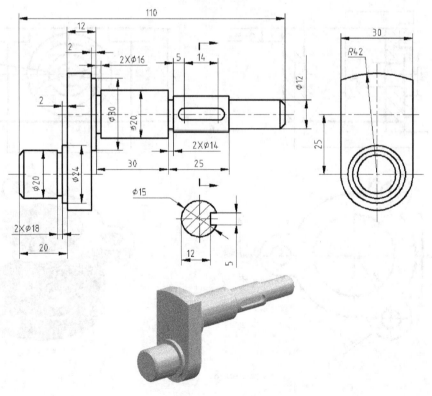

图 2-ex-6　曲轴

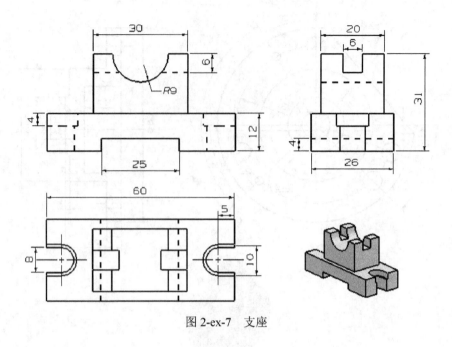

图 2-ex-7　支座

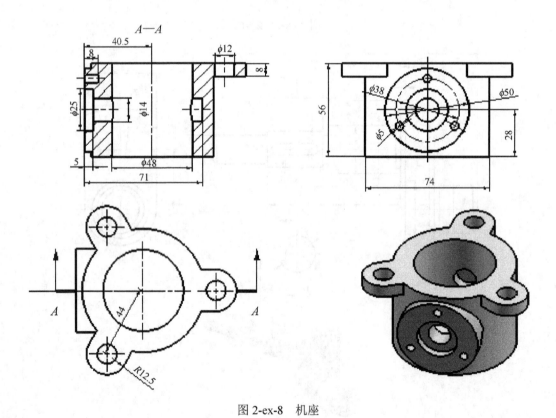

图 2-ex-8　机座

第二章 非曲面实体设计

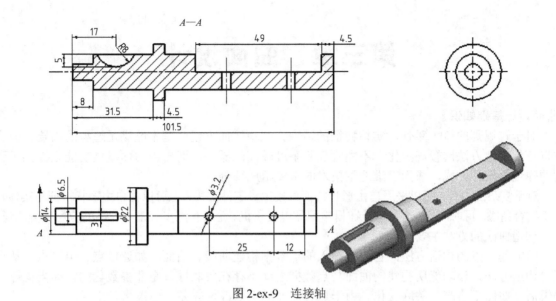

图 2-ex-9 连接轴

图 2-ex-10 阀体

第三章 曲面设计

【曲面设计基础知识】

对于较规则的 3D 零件，实体特征的造型方式快捷而方便，基本能满足造型的需要，但实体特征的造型方法比较固定化，不能胜任复杂度较高的零件，而自由曲面造型功能则提供了强大的弹性化设计方式，成为三维造型技术的重要组成部分。

对于复杂的零件，可以采用自由形状特征直接生成零件实体，也可以将自由形状特征与实体特征相结合完成。目前，壳体造型设计在日常用品以及飞机、轮船和汽车等工业产品的应用十分广泛。

构造曲面的方法主要有以下 3 种。

（1）基于点的构造方法：它根据导入的点数据构建曲线、曲面。如通过点、由极点、从点云等构造方法，该功能所构建的曲面与点数据之间不存在关联性，是非参数化的，即当构造点编辑后，曲面不会产生关联变化。由于这类曲面的可修改性较差，建议尽量少用。

（2）基于曲线的构造方法：根据曲线构建曲面，如直纹面、通过曲线、过曲线网格、扫掠、剖面线等构造方法，此类曲面是全参数化特征，曲面与曲线之间具有关联性，工程上大多采用这种方法。

（3）基于曲面的构造方法：根据曲面为基础构建新的曲面，如桥接、N-边曲面、延伸、按规律延伸、放大、曲面偏置、粗略偏置、扩大、偏置、大致偏置、曲面合成、全局形状、裁剪曲面、过渡曲面等构造方法。

实例一 橄榄球的设计

【学习任务】

根据图 3-1-1 的橄榄球参考尺寸，完成对橄榄球的设计，效果图如图 3-1-2 所示。

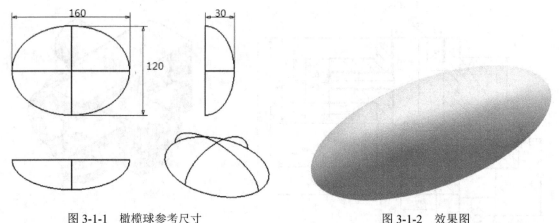

图 3-1-1 橄榄球参考尺寸　　　　　　　　　　图 3-1-2 效果图

【学习目标】

① 掌握曲面造型中曲线的构造技巧。
② 学习坐标 WCS 的变换方法。
③ 熟练掌握曲线的编辑基本方法，如分割曲线（Divide）⌠ 命令。

第三章　曲面设计

④ 能够熟练使用通过曲线构建曲面的 曲线网格(Through Curve Mesh) 命令。

⑤ 能够对曲面进行镜像 操作。

【操作步骤】

方法 1——基于点的构造方法

1．新建文件

选择菜单中的【文件】（File）|【新建】(New) 命令，或选择 （创建一个新的文件）按钮，系统出现【新建】对话框，在【名称】栏中输入【rugby1】，在【单位】下拉框中选择【毫米】，单击 确定 按钮，创建一个文件名为 rugby1.prt、单位为毫米的文件，并自动启动【建模】应用程序。

2．构建相关曲线

（1）选择菜单中的【格式】(Format)|【图层设置】(Layer Settings)命令，或单击【实用工具】工具条上 按钮，设置 41 层为当前工作层（41~60 层一般放曲线）。

选择菜单中的【插入】(Insert)|【曲线】(Curve)|【椭圆】（Ellipse）命令。先确定椭圆的中心点，椭圆圆心如图 3-1-3 所示，再确定椭圆的长、短轴半径，起始角、终止角大小，椭圆参数如图 3-1-4 所示。

单击 确定 按钮，水平椭圆结果如图 3-1-5 所示。

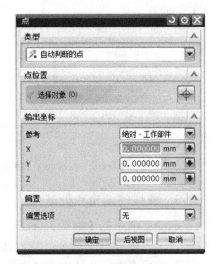

图 3-1-3　椭圆圆心

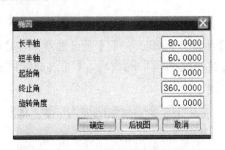

图 3-1-4　椭圆参数

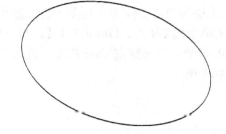

图 3-1-5　水平椭圆

（2）设置 42 层为当前工作层，选择菜单中的【格式】(Format)|WCS|【旋转】（Rotate）命令，进行坐标的旋转变换，如图 3-1-6 所示。

变换后的坐标如图 3-1-7 所示，以便在前视图平面即现在的 XOY 平面上画椭圆。

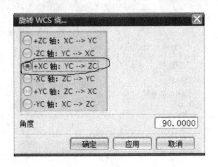

图 3-1-6　坐标旋转选项

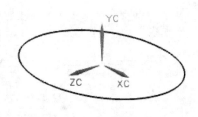

图 3-1-7　旋转后的三坐标

技巧：坐标旋转时绕哪根轴转动，那根轴就不动。生成的椭圆建立在当前的 XOY 面上。

同上方法，在前视图平面画长半径为 80，短轴半径为 30，起始角为 0，终止角为 360° 大小椭圆，结果如图 3-1-8 所示。

（3）设置 43 层为当前工作层，选择菜单中的【格式】(Format)｜WCS｜【旋转】(Rotate)命令，进行坐标的旋转变换，在前面用户坐标的基础上绕+Y 轴再旋转 90°，以便在右视图平面画椭圆，椭圆参数长半径为 60，短轴半径为 30，起始角为 0°、终止角为 360°，结果如图 3-1-9 所示。

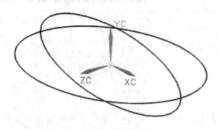 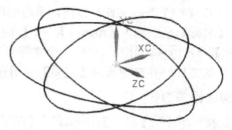

图 3-1-8　前视图平面椭圆　　　　　　　图 3-1-9　右视图平面椭圆

3．曲线的编辑和处理

选择菜单中的【编辑】(Edit)｜【曲线】(Curve)｜【分割】(Divide)命令，或选择 图标按钮，进入曲线分割命令。依次将前两个椭圆打成等分两段，【分割曲线】对话框如图 3-1-10 所示，为后面曲面生成中曲线的有效选取做好准备。

4．网格曲面的生成

设置 81 层为当前工作层（曲面一般放在 81～100 层）。

选择菜单中的【插入】(Insert)｜【网格曲面】(Mesh Surface)｜【通过曲线网格】(Through Curve Mesh)命令，或选择 图标按钮，进入"通过曲线网格"的命令，【通过曲线网格】对话框如图 3-1-11 所示。

图 3-1-10　【分割曲线】对话框　　　　图 3-1-11　【通过曲线网格】对话框

该命令主要通过两个方向的曲线（主曲线和交叉曲线）控制曲面的生成。主曲线可以选择点或曲线，但交叉曲线只能选曲线。主曲线由三部分组成：主曲线 1 为椭圆在最左边的交点，如图 3-1-12 所示；主曲线 2 为前面画的第三个椭圆（右视图平面椭圆）；主曲线 3 为椭圆在最右边的交点，如图 3-1-13 所示。

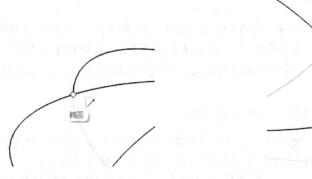

图 3-1-12　主曲线 1　　　　　　　　　图 3-1-13　主曲线 3

然后，切换到交叉曲线的选取上，按主曲线箭头方向，依次选取四条半椭圆曲线，作为交叉曲线 1、2、3、4，最后再重复选第一条交叉曲线作为交叉曲线 5，如图 3-1-14 所示，以便形成封闭的曲面。效果图结果如图 3-1-2 所示。

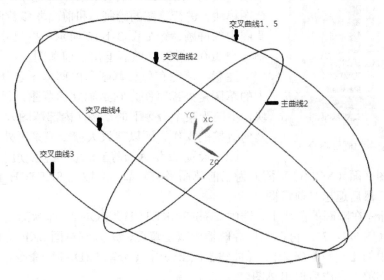

图 3-1-14　交叉曲线

技巧：选取的曲线应设为"单条曲线"。每选完一条主曲线或交叉曲线，应按鼠标中键进行切换，进入下一条曲线的选取。最好在选取时，把主曲线、交叉曲线的列表依次打开，方便观察和修改。

小结：采用该方法绘制的橄榄球，椭圆曲线是非参数化的，所以在模型历史记录里没有，如图 3-1-15 所示，不方便对橄榄球进行参数的修改。

图 3-1-15　方法 1 模型历史记录

5．保存文件

单击【标准】工具条上的 📄 保存（Save）按钮保存文件。

方法2——基于草图的构造方法

1．新建文件

选择菜单中的【文件】(File)|【新建】(New)命令，或选择 📄（创建一个新的文件）按钮，系统出现【新建】对话框，在【名称】栏中输入【rugby2】，在【单位】下拉框中选择【毫米】，单击 确定 按钮，创建一个文件名为 rugby2.prt、单位为毫米的文件，并自动启动【建模】应用程序。

2．构建相关曲线并对曲线进行相应的分割处理

（1）选择菜单中的【格式】(Format)|【图层设置】(Layer Settings)命令，或单击【实用工具】工具条上 21 ▾ 按钮，设置 21 层为当前工作层（21～40 层一般放草图）。

选择菜单中的【插入】(Insert)|【任务环境中的草图】(Sketch in Task Environment)命令，或单击【特征】工具条上 按钮，系统弹出【创建草图】(Create Sketch)对话框，在绘图区选择水平平面（XC-YC 平面）为当前草图平面，草图名取为 SKETCH_HORIZON，单击 确定 按钮，进入草图模块，进行草图的绘制。和前面非参数曲线类似操作，草图中的椭圆命令如图 3-1-16 所示，按尺寸在水平面上绘制一个 360°椭圆，然后退出当前草图。

图 3-1-16 草图中的椭圆命令

注意：草图有外部草图和内部草图之分，在任务环境中的草图是外部草图，它是独立的草图，已进入到草图模块，不同于某个命令下的草图（内部草图），可以进行有关几何链接的操作。所以建议大家一般采用外部草图。

（2）设置 22 层为当前工作层，继续使用外部草图命令，在绘图区选前视图平面（XC-ZC 平面）为当前草图平面，草图名取为 SKETCH_FRONT，根据尺寸画出半椭圆，然后退出当前草图。

然后，把鼠标停在刚画的曲线上，选中 Conic2/SKETCH_FRONT，即激活 Conic2 曲线，在草图中曲线拾取（图 3-1-17），再在部件导航器中双击草图，进入到草图 SKETCH_FRONT 中，然后，单击菜单中的【编辑】(Edit)|【曲线】(Curve)|【分割】(Divide)命令，将二分之一椭圆分成四分之一椭圆，完成后退出草图。

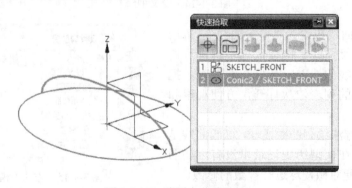

图 3-1-17 草图中曲线拾取

（3）设置 23 层为当前工作层，继续使用外部草图命令，在绘图区选右视图平面（YC-ZC 平面）为当前草图平面，草图名取为 SKETCH_RIGHT，根据尺寸画出半椭圆。再退出当前草图。

同上，将 SKETCH_RIGHT 上的草图中的二分之一椭圆分成两部分，得到两个独立的四分之一椭圆，退出该草图。结果如图 3-1-18 所示。

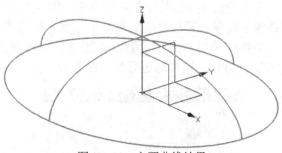

图 3-1-18　主要曲线结果

注意：草图中的曲线的分割只能在画完曲线后及时使用，否则分割命令无法使用。

技巧：UG8 进入草图的时候是自动打开尺寸标注的，如需关闭，使界面清爽，可通过菜单：【文件】（File）|【实用工具】(Utilities)|【用户默认设置】（Customer Defaults）下打开的对话框中，对"草图(Sketch)"下的"自动判断的约束和尺寸(Inferred Constraints and Dimensions)"中的"尺寸(Dimensions)"，去掉"在设计应用程序中连续自动标注尺寸(Continuous Auto Dimensioning in Design Applications)"前面的勾，确定后，需要重启软件才生效。

3．构建上半橄榄球的网格曲面

设置 81 层为当前工作层。选择菜单中的【插入】（Insert）|【网格曲面】(Mesh Surface)|【通过曲线网格】(Through Curve Mesh)命令，或选择 图标按钮，进入"通过曲线网格"的命令。

与方法 1 不同，这里选上下方向为主曲面方向。

主曲线 1 为草图 SKETCH_FRONT 和草图 SKETCH_RIGHT 的交点，主曲线 2 为草图 SKETCH_HORIZON。

交叉曲线共 5 条，分别为草图 SKETCH_FRONT 和草图 SKETCH_RIGHT 中的四分之一椭圆曲线，交叉曲线 1 同时也是交叉曲线 5，主曲线和交叉曲线的选择如图 3-1-19 所示。

上半橄榄球曲面结果如图 3-1-20 所示。

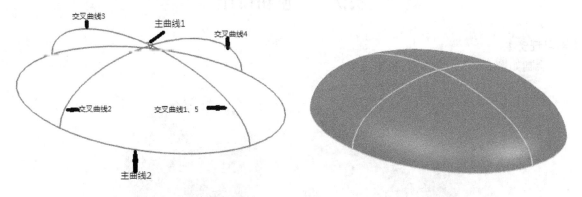

图 3-1-19　主曲线和交叉曲线的选择　　　　图 3-1-20　上半橄榄球曲面

技巧：网格曲面的构建是通过控制两个方向的曲线来生成曲面的，主曲线和交叉曲线的方向通常可以交换。

4．完成整个橄榄球曲面的设计

选择菜单中的【插入】（Insert）|【关联复制】(Associative Copy)|【镜像特征】(Mirror Feature)命令，或选择 图标按钮进入"镜像特征"的命令。

在打开的【镜像特征】对话框里（图 3-1-21），按提示操作，先选中刚构建的网格曲面作为要镜像的特征，然后再选取基准水平面为镜像平面，结果同前，如图 3-1-2 所示。

小结：采用该方法绘制的橄榄球，椭圆曲线是参数化的，所以在模型历史记录里有（图 3-1-22），方便对橄榄球进行参数的修改。

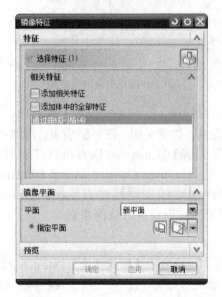

图 3-1-21　【镜像特征】对话框　　　　图 3-1-22　方法 2 模型历史记录

构建橄榄球时，在具体选择曲线时可以灵活处理，不限于上述两种方式。

5．保存文件

单击【标准】工具条上的  保存（Save）按钮保存文件。

实例二　旋钮设计

【学习任务】

绘制如图 3-2-1 所示旋钮零件模型。

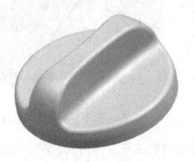

图 3-2-1　旋钮零件渲染效果图

【学习目标】

① 掌握曲面造型中曲线的构造。

② 能够熟练使用 镜像特征（Mirror Feature）、 拔模（Draft）、 抽壳（Shell）、 通过曲线组(Throughcurves)、 修剪体（Trim body）、 真实着色（True shade）、 投影曲线(Project)等命令。

【操作步骤】

1．新建文件

选择菜单中的【文件】（File）|【新建】(New)命令，或选择 （创建一个新的文件）按钮，系统出现【新建】对话框，在【名称】栏中输入【knob】，在【单位】下拉框中选择【毫米】，单击 确定 按钮，创建一个文件名为 knob.prt、单位为毫米的文件，并自动启动【建模】应用程序。

2．创建旋钮主体

设置 1 层为当前工作层。选择菜单中的【插入】(Insert)|【设计特征】(Design Feature)命令，系统弹出【圆柱体】对话框，如图 3-2-2 所示。在【类型】下拉列表中选择【轴、直径和高度】，在【轴】|【指定矢量】中选择 ，【轴】|【指定矢量】中选择原点。【尺寸】中输入【直径】为 65，【高度】为 20.单击 确定 按钮，结果如图 3-2-3 所示。

图 3-2-2　【圆柱体】对话框　　　　　图 3-2-3　圆柱体（旋钮主体）

3．圆柱体拔模

单击特征工具条中的 拔模（draft）按钮，系统弹出【拔模】对话框，如图 3-2-4 所示。在【类型】下拉列表中选择【从平面】，【脱模方向】|【指定矢量】选择圆柱体的圆柱面，【固定面】|【选择平面】中选择下底面，【要拔模的面】选择圆柱面，【角度】为 10°，单击 确定 按钮，结果如图 3-2-5 所示。

4．拉伸底部

单击【特征】工具条上 拉伸（Extrude）按钮，弹出如图 3-2-6 所示对话框，在【截面】中选择拔模后面积最大的底面（在选择栏中选择【面的边】），【方向】选择 ，【极限】栏中选择【开始】为 0，【结束】为 5，【布尔】|【求和】|【选择体】中选择拔模体，单击 确定 按钮，结果如图 3-2-7 所示。

图 3-2-4 【拔模】对话框

图 3-2-5 拔模效果图

图 3-2-6 【拉伸】对话框

图 3-2-7 拉伸效果图

5. 创建基准平面 1

设置 61 层为当前工作层。单击【特征】(Feature)工具条上 基准平面(Datum plane)按钮，打开【基准平面】对话框（图 3-2-8），在【类型】中选【相切】，在绘图区选择上一步拉伸的圆柱面，单击 确定 按钮，结果如图 3-2-9 所示。

图 3-2-8 【基准平面】对话框

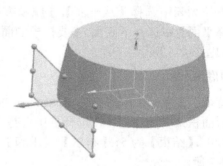

图 3-2-9 基准平面 1

6. 创建基准平面 2

设置 62 层为当前工作层。单击【特征】(Feature)工具条上 基准平面(Datum plane)按钮，打开【基准平面】对话框（图 3-2-10），选【类型】|【相切】,【相切子类型】|【与平面成一定角度】,【参考几何体】|【选择对象】中选拉伸的圆柱面,【参考几何体】|【选择对象】中选上一步创建的基准平面 1,【角度】|【值】为 180，单击 确定 按钮，结果如图 3-2-11 所示。

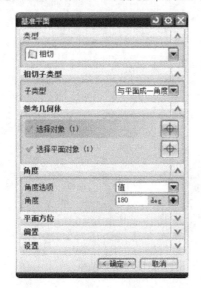
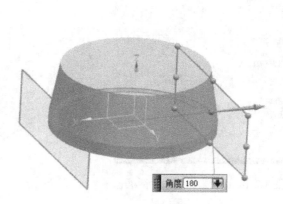

图 3-2-10 【基准平面】设置　　　　　图 3-2-11 基准平面 2

7. 创建草图 1

设置 21 层为当前工作层。将显示方式改为静态线框（按住鼠标右键，选择弹出式静态线框图标）。

选择下拉菜单【插入】(Insert)|【任务环境中的草图】(Sketch in Task Enviroment)，选择 yz 平面(即平行于基准平面 1 和 2 的那个中间平面)，绘制如图 3-2-12 所示的草图 1，并退出草图界面。

8. 创建草图 2

设置 22 层为当前工作层。选择下拉菜单【插入】(Insert)|【任务环境中的草图】(Sketch in Task Enviroment)，选择基准平面 1，绘制如图 3-2-13 所示的草图 2，并退出草图界面。

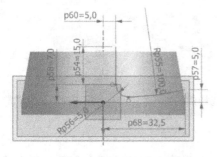
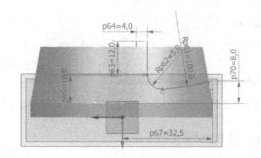

图 3-2-12 草图 1　　　　　图 3-2-13 草图 2

9. 创建草图 3

设置 23 层为当前工作层。选择下拉菜单【插入】(Insert)|【来自曲线集的曲线】(curve from curves)|【投影】(project),系统弹出如图 3-2-14 所示对话框,【要投影的曲线或点】选基准平面 1 上的草图,【要投影的对象】选基准平面 2,【投影方向】选沿面的法向,单击 确定 按钮,结果如图 3-2-15 所示。

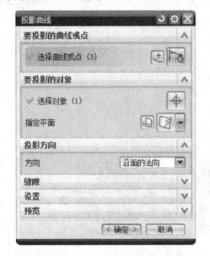 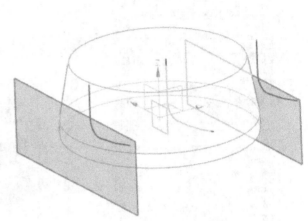

图 3-2-14 【投影曲线】对话框　　　　图 3-2-15 投影结果

10. 创建曲面 1

设置 41 层为当前工作层。选择下拉菜单【插入】(Insert)|【网格曲面】(Mesh Surface)|【通过曲线组】(Through Curves),如图 3-2-16 所示,【截面】依次选择三个草图曲线,如图 3-2-17 所示,单击 确定 按钮,结果如图 3-2-18 所示。

 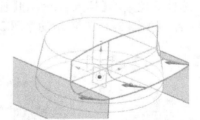 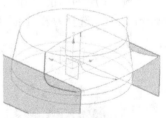

图 3-2-16 【通过曲线组】对话框　　图 3-2-17 选择曲面　　图 3-2-18 生成的曲面

11. 修剪旋钮主体

设置 1 层为当前工作层,将显示方式改为着色。选择菜单中的【插入】(Insert)|【修剪】(Trim)|【修剪体】(Trim Body)命令,或单击【特征】(Feature)工具条上 (修剪体)按钮,系统弹出【修剪体】对话框(图3-2-19)。在图上按提示先选择修剪的【目标体】为"旋钮主体",

再按鼠标中键，切换到选【刀具面】为前面"通过曲线组生成的曲面"，即用"曲面"为刀切割"回转体"，单击 确定 ，结果如图 3-2-20 所示。

图 3-2-19 【修剪体】对话框

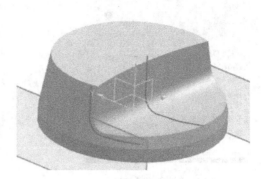

图 3-2-20 修剪结果

12．镜像修剪体特征

隐藏扫掠曲面。选择菜单中的【插入】(Insert)｜【关联复制】(Associative Copy)｜【镜像特征】(Mirror Feature)命令，或单击【特征】工具条上 （镜像特征）按钮，系统弹出【镜像特征】对话框（图 3-2-21）。选择"修剪体"为镜像特征，镜像平面为 ZC-XC 面，单击 确定 ，结果如图 3-2-22 所示。

图 3-2-21 【镜像特征】对话框

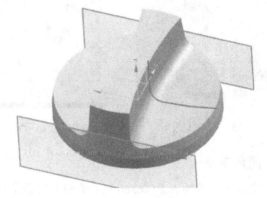

图 3-2-22 镜像结果

13．圆角 1

对旋钮作细节处理。选择菜单中的【插入】(Insert)｜【细节特征】(Detail Feature)｜【边倒圆】(Edge Blend)命令，或单击【特征】工具条上 边倒圆按钮，系统弹出【边倒圆】对话框（图 3-2-23）。选择图 3-2-24 所示边缘，设置圆角半径为 15mm。单击 确定 ，结果如图 3-2-25 所示。

14．圆角 2

隐藏草图、基准平面。按住 Ctrl+W，弹出图 3-2-26 所示对话框，单击草图 和基准 ，隐藏草图、基准。

选择菜单中的【插入】(Insert)｜【细节特征】(Detail Feature)｜【边倒圆】(Edge Blend)命令，或单击【特征】工具条上 边倒圆按钮，系统弹出【边倒圆】对话框，如图 3-2-23。选择图 3-2-27 所示边缘，设置圆角半径为 2mm。单击 确定 ，结果如图 3-2-28 所示。

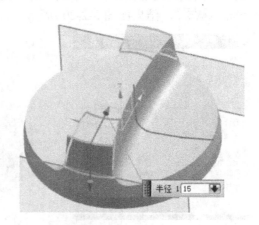

图 3-2-23 【边倒圆】对话框　　　　图 3-2-24 选择边缘 1

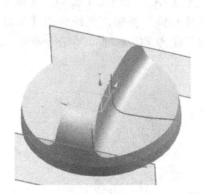

图 3-2-25 圆角 1 效果　　图 3-2-26 【显示和隐藏】对话框　　图 3-2-27 选择边缘 2

15. 圆角 3

选择菜单中的【插入】(Insert)｜【细节特征】(Detail Feature)｜【边倒圆】(Edge Blend)命令，或单击【特征操作】工具条上 边倒圆按钮，系统弹出【边倒圆】对话框，如图 3-2-23。选择图 3-2-29 所示边缘，设置圆角半径为 15mm。单击 确定 ，结果如图 3-2-30 所示。

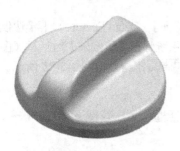

图 3-2-28 圆角 2 效果　　图 3-2-29 选择边缘 3　　图 3-2-30 圆角 3 效果

16. 抽壳

选择菜单中的【插入】（Insert）|【偏置/缩放】（Offset/Scale）|【抽壳】（Shell）命令，或单击【特征】工具条上抽壳按钮，系统弹出【抽壳】对话框（图 3-2-31）。类型设为【移除面，然后抽壳】，厚度为 1mm。旋转图形，选择"底面"为移除面，单击 确定 ，结果如图 3-2-32 所示。

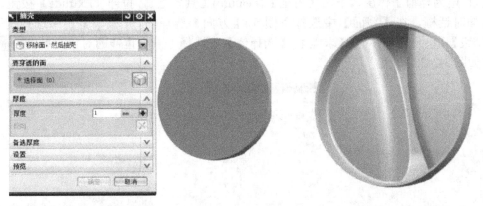

图 3-2-31 抽壳过程　　　　图 3-2-32 抽壳结果

17. 创建草图 4

设置 24 层为当前工作层，选择下拉菜单【插入】（Insert）|【任务环境中的草图】(Sketch in Task Enviroment)，选择基准平面 XOY，绘制如图 3-2-33 所示的草图 4，圆直径为 20，并退出草图界面。

18. 拉伸草图 4

设置 1 层为当前工作层，单击【特征】(Fature)工具条上 拉伸（Extrude）按钮，按图 3-2-34 设置，在【截面】中选择草图 4，【方向】选择 ，【极限】栏中选择【开始】值为-5，【结束】为直至下一个，【布尔】|【求和】|【选择体】中选择抽壳体，单击 确定 按钮，结果如图 3-2-35 所示。

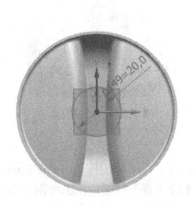

图 3-2-33 草图 4　　　　图 3-2-34 拉伸设置　　　　图 3-2-35 拉伸效果

19. 创建草图 5

设置 25 层为当前工作层，选择下拉菜单【插入】|【任务环境中的草图】，选择上一步拉伸对象的底面，绘制如图 3-2-36 所示的草图 5，并退出草图界面。

20. 拉伸草图 5

设置 1 层为当前工作层，单击【特征】(Feature)工具条上 拉伸（Extrude）按钮，如图 3-2-37 拉伸对话框，在【截面】中选择草图 5，【方向】选择 ，【极限】栏中选择【开始】值=0，【结束】值=5，【布尔】|【求差】|【选择体】中选择上一步拉伸的对象，单击 确定 按钮，结果如图 3-2-38 所示。

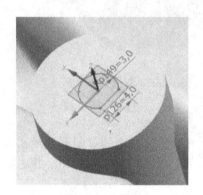
图 3-2-36 草图 5

图 3-2-37 【拉伸】对话框

图 3-2-38 拉伸效果

21. 倒斜角

单击【特征】(Feature)工具条上 倒斜角(Chamfer)按钮，系统弹出【倒斜角】对话框（图 3-2-39）。【边】选择图 3-2-40 所示边缘，【偏置】|【横截面】选对称，【距离】为 0.5mm。单击 确定 ，结果如图 3-2-41 所示。

图 3-2-39 倒斜角

图 3-2-40 倒斜角边缘

图 3-2-41 倒斜角效果

22. 倒圆角 4

选择菜单中的【插入】(Insert) |【细节特征】(Detail Feature) |【边倒圆】（Edge Blend）命令，或单击【特征操作】工具条上 边倒圆按钮，系统弹出【边倒圆】对话框。选择图 3-2-42 所示边缘，设置圆角半径为 1mm。单击 确定 ，结果如图 3-2-43 所示。

图 3-2-42　倒圆角边缘　　　　　　　图 3-2-43　倒圆角效果

23．真实着色

将鼠标移至工具栏上，单击右键出现弹出式工具栏，选择【真实着色】，弹出【真实着色】(True Shading)工具栏。单击【真实着色】上 真实着色， 选第二个图标右边小三角中蓝色亮泽塑料， 单击背景右边小三角（选图像 1 背景），单击 和 图标，完成着色。效果如图 3-2-1 所示。

24．保存文件

单击【标准】工具条上的 （保存）按钮保存文件。

实例三　鼠标设计

【学习任务】

根据图 3-3-1 给出的鼠标外形线框，设计如图 3-3-2 所示鼠标。

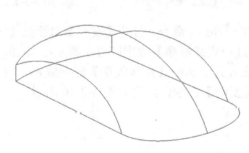
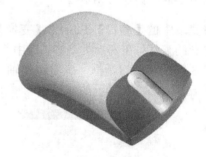

图 3-3-1　鼠标外形线框图　　　　　　图 3-3-2　鼠标

【学习目标】

① 熟练掌握 直线（Line）、 艺术样条（Spline）、 组合投影（Combined Projection）、 镜像曲线（Mirror）等曲线的绘制方法。

② 能够进一步使用 通过曲线网格(Through Curve Mesh)、 N 边曲面(N-sided Surface)、 有界平面（Bounded Plane）等命令，掌握建立由曲线到曲面的主要操作步骤。

③ 熟练使用曲面的 修剪（Trimmed Sheet）、 曲面的缝合（Sew）、 曲面的分割（Divide Face）、 曲面的加厚（Thicken）等命令。

【操作步骤】

1．新建文件

选择菜单中的【文件】(File) | 【新建】(New)命令，或选择 （创建一个新的文件）按

钮，系统出现【新建】对话框，在【名称】栏中输入【shubiao】，在【单位】下拉框中选择【毫米】，单击 确定 按钮，创建一个文件名为 shubiao.prt、单位为毫米的文件，并自动启动【建模】应用程序。

2. 绘制鼠标外形轮廓线框

（1）绘制鼠标外形底面轮廓线。设置当前工作层为 41 层。选择菜单中的【插入】(Insert)|【曲线】(Curve)|【直线】(Line)命令，或选择 （直线）按钮，打开【直线】对话框，如图 3-3-3 所示，在【起点选项】中通过单击 "点构造器"，在打开的【点】对话框中，设定起点的坐标为（0，−30，0）（图 3-3-4）。同样，在"终点选项"中通过单击 "点构造器"，在打开的【点】对话框中，设定终点的坐标为（85，−33，0），单击 确定 后自动返回【直线】对话框，单击 确定 ，结果如图 3-3-5 所示。

图 3-3-3 【直线】对话框　　　　　图 3-3-4 【点】坐标设置　　　　　图 3-3-5 直线

选择菜单中的【编辑】(Edit)|【变换】(Transform)命令，打开【变换】对话框（图 3-3-6），选取刚绘制的直线，在变换类型中，选中【通过一直线镜像】，如图 3-3-7 所示，单击 确定 后打开图 3-3-8 所示的对话框，确定镜像轴直线方式。选中【点和矢量】回到屏幕，确定过原点的 X 轴后出现图 3-3-9 所示的对话框，单击【复制】选项，结果如图 3-3-10 所示。

图 3-3-6 【变换】对话框 1　　　　　图 3-3-7 【变换】对话框 2

第三章　曲面设计

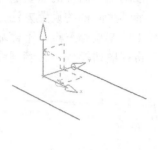

图 3-3-8　【变换】对话框 3　　　　图 3-3-9　【变换】对话框 4　　　　图 3-3-10　镜像的直线

将视图切换到俯视图，点击 按钮。选择菜单中的【插入】(Insert) |【曲线】(Curve) |【艺术样条】(Studio Spline)命令，或选择 （艺术样条）按钮，打开【艺术样条】对话框，如图 3-3-11 所示，样条设置方法为通过点，阶次为 3，并勾选"关联"复选框，制图平面为 视图所在的平面。然后在图中确定样条通过的"点"，分别为直线 2 的右端点、点（110，0，0）、直线 1 的右端点，如图 3-3-12 所示。分别把光标停在端点处，点击鼠标右键，如图 3-3-13 所示，点击"指定约束"，让端点先后与直线相切（图 3-3-14），最后如图 3-3-15 所示。

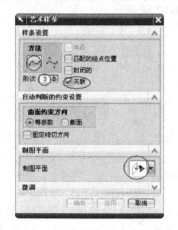
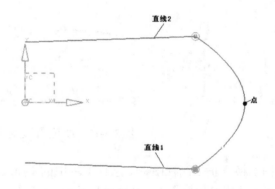

图 3-3-11　【艺术样条】对话框　　　　　　　图 3-3-12　通过的点

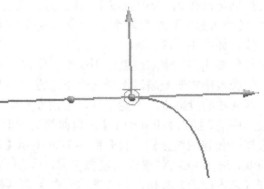

图 3-3-13　对端点进行设置　　　　　　　图 3-3-14　端点约束

注意：不同的视图，得到的艺术样条曲线不同。

技巧：非捕捉的点要通过 "点构造器"来设置。

继续用同样的设置方法，绘制左侧的艺术样条，通过直线 2 的左端点、点（-6，0，0）、直线 1 的左端点三点，不需端点约束。

将视图切换到正二侧视图，点击 按钮。最后如图 3-3-16 所示。

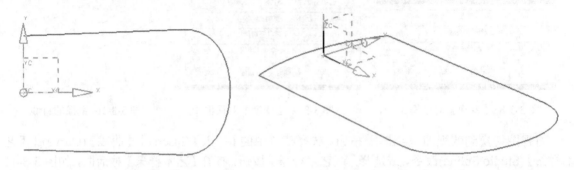

图 3-3-15　右侧艺术样条曲线　　　　图 3-3-16　左侧艺术样条曲线

（2）绘制鼠标主曲面轮廓线。将视图切换到前视图，点击 按钮。单击 （艺术样条）按钮，在【艺术样条】对话框中设置同前，通过点（-6，-33，5）、（9，-33，13）、（35，-33，20）、（66，-33，17）、（85，-33，0）五点，结果如图 3-3-17 所示。

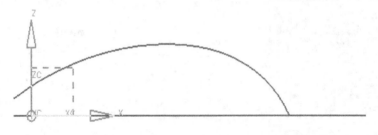

图 3-3-17　过五点的艺术样条曲线

将视图切换到正二侧视图 。选择菜单中的【插入】(Insert)｜【来自曲线集的曲线】(Curve from Curve)｜【组合投影】(Combined Projection)命令，或选择 组合投影按钮，打开【组合投影】对话框，先选择刚绘制的艺术样条为曲线 1，投影方向设置为垂直于曲线平面，然后单击鼠标中键切换到选曲线 2，选中直线 1，投影方向设置为沿矢量 Z，在【设置】选项中勾选 "关联"复选框，【输入曲线】为"保持"，如图 3-3-18 所示，单击 确定 ，得到在直线 1 正上方的组合投影曲线，如图 3-3-19 所示。

原艺术样条曲线作为中间过渡已不需要，将原艺术样条曲线隐藏。

技巧：组合投影实质是通过选择两个不同方向的曲线，进行拉伸得到两拉伸面的交线。

注意：两曲线的投影方向不能平行，否则没有交线。

选择菜单中的【插入】(Insert)｜【来自曲线集的曲线】(Curve from Curve)｜【镜像】(Mirror)命令，或选择 镜像曲线按钮，打开图 3-3-20 所示【镜像曲线】对话框，选择组合投影曲线为要镜像的曲线，选择 XC-YC 平面为镜像平面，单击 确定 ，得到如图 3-3-21 所示的镜像曲线。

单击 （艺术样条）按钮，在【艺术样条】对话框中设置同前，通过三点，分别为组合投影曲线的左端点、(-8，0，13)、镜像曲线的左端点。结果如图 3-3-22 所示。

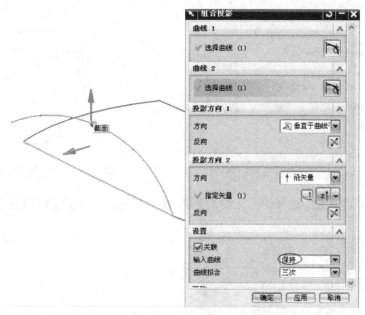

图 3-3-18 【组合投影】对话框

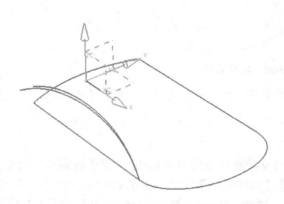

图 3-3-19 组合投影曲线

图 3-3-20 【镜像曲线】对话框

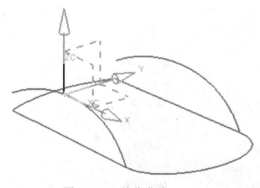

图 3-3-21 镜像曲线

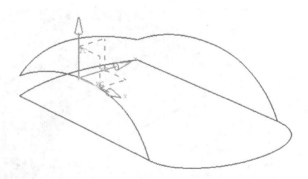

图 3-3-22 前侧艺术样条曲线

将视图切换到前视图，点击 按钮，继续做艺术样条曲线，通过三点，分别（-8，0，13）、（12，0，25）、（110，0，0），并对右端点进行约束，如图 3-3-23 所示。单击 确定 ，点击 按钮，得到如图 3-3-24 所示的主曲面轮廓线。

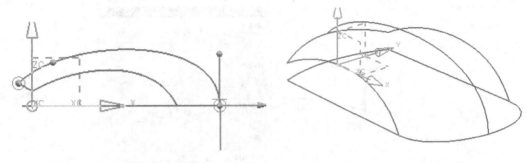

图 3-3-23　中间艺术样条曲线的绘制　　　图 3-3-24　主曲面轮廓线

（3）绘制鼠标侧面直线。选择 ∕（直线）按钮，捕捉相应的端点，绘制两条直线。如图 3-3-25 所示。

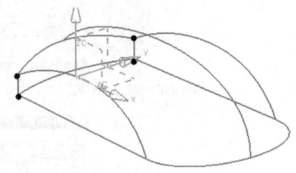

图 3-3-25　侧面直线

技巧：曲面造型不管采用何种命令，一般来说，首先要作出线框模型，才能作出相应的形体。

3．创建鼠标各曲面

设置当前工作层为 81 层。

（1）创建主曲面。单击【曲面】工具条上 通过曲线网格按钮，或选择菜单中的【插入】(Insert)｜【网格曲面】(Mesh Surface)｜【通过曲线网格】(Through Curve Mesh)命令，打开【通过曲线网格】对话框，依次选择主曲线和交叉曲线，单击 应用 ，得到主曲面如图 3-3-26 所示。

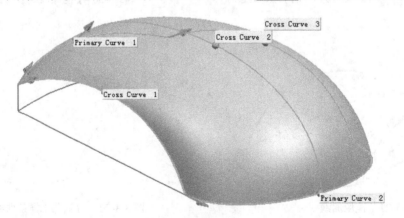

图 3-3-26　主曲面的创建

技巧：选择意图应设为"单条曲线"。每选完一条主曲线或交叉曲线，应按鼠标中键进行切换。

注意：箭头所代表的方向应一致。

（2）创建前端面。旋转视图，在【通过曲线网格】对话框中，继续依次完成对主曲线和交叉曲线选择，单击 确定 ，得到前端曲面，如图3-3-27所示。

（3）创建两侧面。单击【曲面】工具条上 N边曲面（N-sided surface）按钮，或选择菜单中的【插入】(Insert)|【网格曲面】(Mesh Surface)|【N边曲面】(N-sided surface)命令，打开【N边曲面】对话框（图3-3-28），设置N边曲面的类型为【已修剪】，且"修剪到边界"，依次选择侧边直线和组合投影曲线作为外部环（图3-3-29），单击 应用 ，得到一侧曲面。

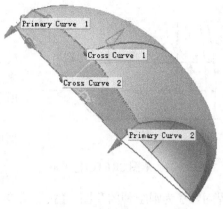

图3-3-27　前端通过网格曲面

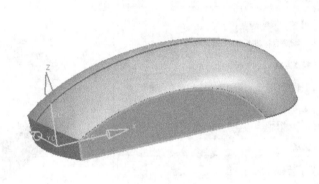

图3-3-28　【N边曲面】对话框　　　　图3-3-29　N边曲面的边界

旋转视图，继续在【N边曲面】对话框中，选中另一侧的直线和镜像曲线作为外部环，单击 确定 ，得到另一侧曲面。

（4）创建底面。选择菜单中的【插入】(Insert)|【曲面】(Surface)|【有界平面】(Bounded Plane)命令，打开【有界平面】对话框，依次选择先前绘制的底面轮廓线，单击 确定 ，得到底面，如图3-3-30所示。

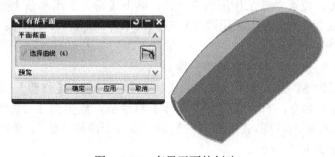

图3-3-30　有界平面的创建

4. 修剪鼠标主曲面和前端面

（1）修剪鼠标主曲面。关闭 41 层，隐藏底面。设置当前工作层为 21 层。单击【特征】工具条上 (草图) 按钮，采用默认的 XC-YC 基准平面为草图平面，绘制如图 3-3-31 所示草图 SKETCH__000，退出草图。

设置当前工作层为 81 层。单击【曲面】工具条上 修剪的片体按钮，或选择菜单中的【插入】(Insert)|【修剪】(Trim)|【修剪的片体】(Trimmed Sheet) 命令，打开【修剪的片体】对话框，修剪的【目标】为主曲面，修剪的【边界对象】为刚绘制的草图，【投影方向】为"垂直于曲线平面"，如图 3-3-32 所示。单击 确定 ，得到修剪后的主曲面，如图 3-3-33 所示。

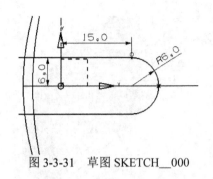

图 3-3-31　草图 SKETCH__000

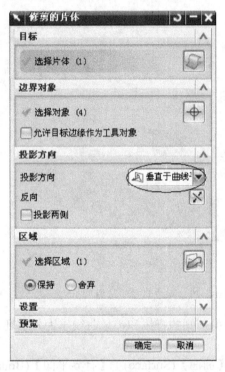

图 3-3-32　【修剪的片体】对话框

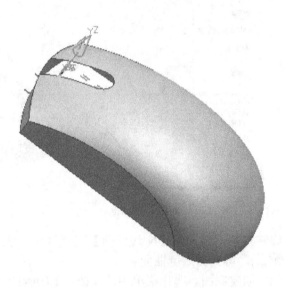

图 3-3-33　修剪后的主曲面

（2）修剪前端面。设置当前工作层为 22 层。单击【特征】工具条上 (草图) 按钮，采用 ZC-YC 基准平面为草图平面，采用静态线框的显示方式 。绘制草图 SKETCH__001（图 3-3-34）。退出草图 。

技巧：草图平面的水平方向可以调整，换向。

设置当前工作层为 81 层。选择菜单中的【插入】(Insert)|【修剪】(Trim)|【修剪的片体】(Trimmed Sheet) 命令，打开【修剪的片体】对话框，修剪的【目标】为前端曲面，修剪的【边界对象】为刚绘制的草图，【投影方向】为"垂直于曲线平面"。单击 确定 ，得到修剪后的前端曲面，如图 3-3-35 所示。

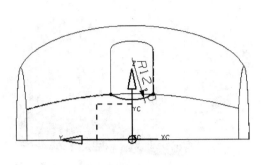

图 3-3-34　草图 SKETCH__001

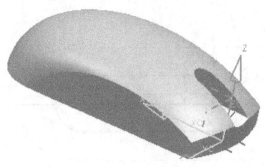

图 3-3-35　修剪后的前端曲面

5．创建鼠标滑轮部分结构

（1）创建鼠标滑轮部分曲面。设置当前工作层为 42 层。单击 "艺术样条"按钮，在【艺术样条】对话框中，设置样条设置方法为通过点，阶次为 3，并勾选"关联"复选框，通过点 1（前曲面圆弧边缘中点）、点 2（14，0，23.5）、点 3（后曲面圆弧边缘中点）三点，如图 3-3-36 所示。

设置当前工作层为 81 层。单击【曲面】工具条上 "通过曲线网格"按钮，打开【通过曲线网格】对话框，依次选择主曲线和交叉曲线（图 3-3-37），单击 确定 ，得到滑轮部分曲面，如图 3-3-38 所示。

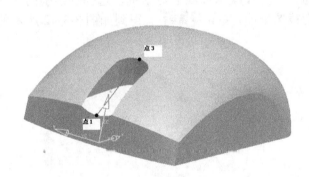

图 3-3-36　艺术样条曲线

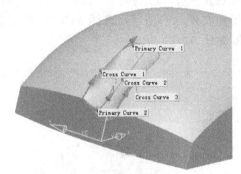

图 3-3-37　主曲线和交叉曲线的设置

（2）创建鼠标滑轮部分空隙。设置当前工作层为 23 层。单击【特征】工具条上 （草图）按钮，采用 XC-YC 基准平面为草图平面，采用静态线框的显示方式 。绘制草图 SKETCH__002，如图 3-3-39 所示，草图完全约束。退出草图 。

设置当前工作层为 81 层。图形的显示方式为 着色。

选择菜单中的【插入】(Insert)|【修剪】（Trim）|【修剪的片体】（Trimmed Sheet）命令，打开【修剪的片体】对话框，修剪的【目标】为前面创建的滑轮曲面，修剪的【边界对象】为刚绘制的草图，【投影方向】为"垂直于曲线平面"。单击 确定 ，得到修剪后的曲面，如图 3-3-40 所示。

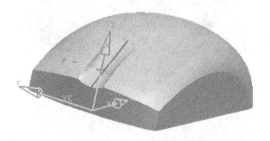

图 3-3-38　鼠标滑轮曲面

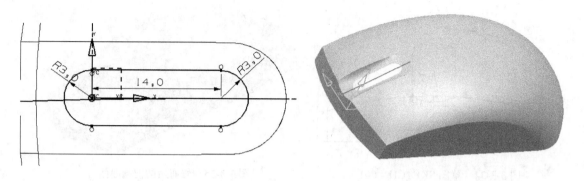

图 3-3-39　草图 SKETCH_002　　　　　图 3-3-40　修剪后的滑轮曲面

6．创建鼠标左右键部分结构

（1）创建分割曲线。设置当前工作层为 43 层。隐藏其他草图层和曲线层。

单击 "艺术样条" 按钮，在【艺术样条】对话框中，设置样条设置方法为通过点，阶次为 3，并勾选 "关联" 复选框，并设置捕捉点的方式为 "端点" 和 "面上的点"，依次给出四个点如图 3-3-41 所示，其中两个为端点，另两个为曲面上的点。

技巧：曲面上的点可以拖动它进行移动，从而改变曲线的形状。

选择菜单中的【插入】(Insert)｜【来自曲线集的曲线】(Curve from Curve)｜【镜像】(Mirror)命令，或选择 "镜像曲线" 按钮，打开【镜像曲线】对话框，选择刚绘制的艺术曲线为要镜像的曲线，选择 XC-YC 平面为镜像平面，单击 确定 ，得到如图 3-3-42 所示的镜像曲线。

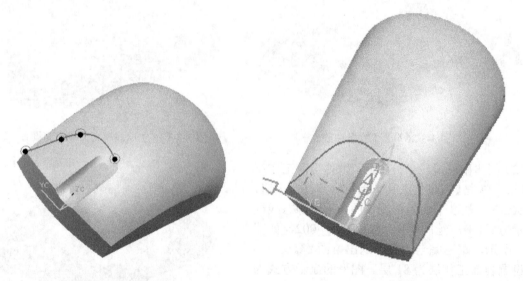

图 3-3-41　艺术样条曲线　　　　　图 3-3-42　镜像曲线

（2）分割鼠标主曲面。设置当前工作层为 81 层。选择菜单中的【插入】(Insert)｜【修剪】(Trim)｜【分割面】（Divide Face）命令，或选择特征操作工具条中 分割面按钮，打开【分割面】对话框（图 3-3-43），选择前面修剪的主曲面为【要分割的面】，【分割对象】如图 3-3-44 所示。单击 确定 ，将主曲面分成三部分。

第三章 曲面设计

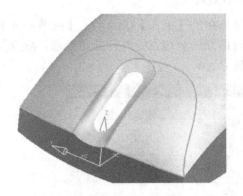

图 3-3-43 【分割面】对话框   图 3-3-44 分割对象

（3）左右键曲面部分加厚。设置当前工作层为 1 层。选择菜单中的【插入】(Insert)｜【偏置/缩放】(Offset/Scale)｜【加厚】(Thicken)命令，或选择特征工具条中 加厚按钮，打开【加厚】对话框，如图 3-3-45 所示，选择其中的一个分割的左（或右）键曲面作为加厚面，厚度为 1mm，向外加厚，单击 应用 。继续选择另一个分割的右（或左）键曲面作为加厚面，厚度为 1mm，向外加厚，单击 确定 ，结果如图 3-3-46 所示。

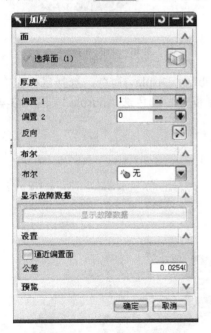

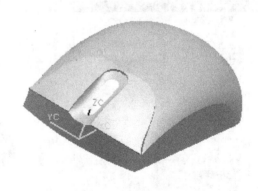

图 3-3-45 【加厚】对话框   图 3-3-46 加厚曲面

技巧：选择意图应选单个面。

7．合成鼠标主体

隐藏所有曲线和草图，显示所有曲面。选择菜单中的【插入】(Insert)｜【组合体】(Combine Bodies)｜【缝合】(Sew)命令，或选择特征操作工具条中 曲面的缝合按钮，打开【缝合】对话框，如图 3-3-47 所示，缝合类型选【图纸页】（片体），目标选主曲面，刀具选其他曲面。单击 确定 ，将各曲面合为一体。

8. 细节处理

选择菜单中的【插入】(Insert)|【细节特征】(Detail Feature)|【边倒圆】(Edge Blend)命令，分别对曲面缝合边界处进行圆角处理，底面圆角半径设为 2，其他处可适当取小些，结果如图 3-3-48 所示。

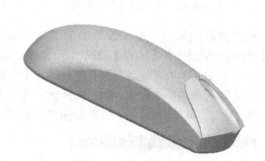

图 3-3-47 【缝合】对话框　　　　　图 3-3-48 曲面圆角

选择菜单中的【编辑】（Edit）|【对象显示】(Object Display)命令，选择鼠标左右键部分曲面，单击 ，在打开的【编辑对象显示】对话框中，颜色选"purple"（图 3-3-49），结果如图 3-3-50 所示。

图 3-3-49 【编辑对象显示】对话框　　　　图 3-3-50 左右键着色

9. 保存文件

单击【标准】工具条上的 ![save] （保存）按钮保存文件。

实例四 剃须刀设计

【学习任务】
根据如图 3-4-1 所示图形，绘制剃须刀实体模型。

【学习目标】
① 了解一般曲面构造的步骤和常见方法，并初步掌握逆向分析曲面的构造过程。
② 能熟练使用 n 边曲面（N-Side Surface）、缝合（sew）、修剪片体(Trimmed Sheet)、有界平面(Bounded Plane)、加厚(Thicken)、直纹面(Ruled)、补片、扫掠(Swept)、直线(Line)、面圆角（Face Blend）等曲面、网格曲面、曲面编辑等命令。

【操作步骤】

1．新建文件

选择菜单中的【文件】（File）|【新建】(New)命令，或选择 （创建一个新的文件）饮料瓶，系统出现【新建】对话框，在【名称】栏中输入【razor】，在【单位】下拉框中选择【毫米】，单击 确定 按钮，创建一个文件名为 razor.prt、单位为毫米的文件，并自动启动【建模】应用程序。

图 3-4-1 剃须刀效果图

2．创建基准面

设置 62 层为当前工作层。选择菜单中的【插入】（Insert）|【基准/点】(Datum/Point)|【基准平面】(Datum Plane)命令，或单击【特征】(Feature)工具条上 基准平面(Datum Plane)按钮，打开【基准平面】对话框（图 3-4-2），在【类型】中选【按某一距离】，【平面参考】选择 XY 基准平面，【距离】为 50；单击 确定 按钮，创建基准平面 1，结果如图 3-4-3 所示。同理，依次创建基准平面 2（【距离】为 85）、基准平面 3（【距离】为 105），如图 3-4-4 所示。

  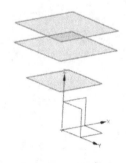

图 3-4-2 【基准平面】对话框　　图 3-4-3 基准平面 1　　图 3-4-4 基准平面 2、3

3．创建草图 1

设置 21 层为当前工作层。选择下拉菜单【插入】(Insert)|【任务环境中的草图】(Sketch in Task Enviroment)，选择 XY 平面，进入草图截面。创建草图 1，如图 3-4-5 所示；同理，在基准平面 1 上创建草图 2，如图 3-4-6 所示；在基准平面 2 上创建草图 3，如图 3-4-7 所示；在基准平面 3 上创建草图 4，如图 3-4-8 所示。草图布局总体关系图，如图 3-4-9 所示。

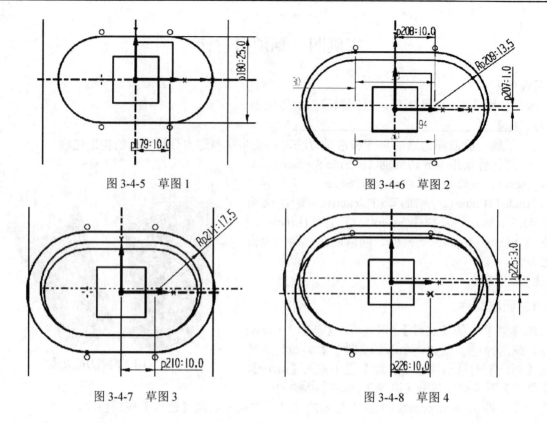

图 3-4-5 草图 1　　　　　　　图 3-4-6 草图 2

图 3-4-7 草图 3　　　　　　　图 3-4-8 草图 4

4. 创建样条曲线

设置 41 层为当前工作层。选择下拉菜单【插入】(Insert)|【曲线】(Curve)|【样条】(Spine)，弹出如图 3-4-10 所示对话框。单击【通过点】按钮，弹出如图 3-4-11 所示对话框，单击【确定】。在弹出的新对话框中点击【点构造器】，依次点击 4 个草图中的同一对应位置的 4 个端点，然后点击【确定】。系统弹出【指定点】对话框，如图 3-4-12 所示。点击【确定】按钮两次，完成第一条多段线的构造。同理，创建其他三条样条曲线，最后效果如图 3-4-13 所示。

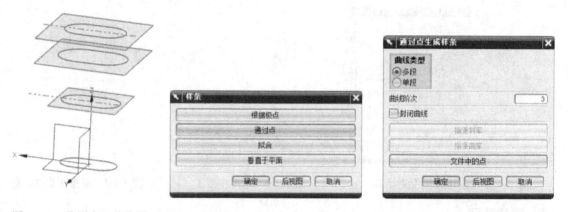

图 3-4-9 草图布局总体图　　图 3-4-10 【样条】对话框　　图 3-4-11 【通过点生成样条】对话框

5. 创建曲线网格

设置 81 层为当前工作层。选择下拉菜单【插入】(Insert)|【网格曲面】(Mesh Surface)|【通过曲线网格】(Through CurvesMesh)，弹出如图 3-4-14 所示对话框。

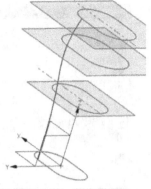

图 3-4-12 【指定点】对话框　　图 3-4-13　样条曲线 1　　图 3-4-14　【通过曲线网格】对话框

主曲线选择四个草图，如图 3-4-15 所示。交叉曲线选择四条样条曲线外加第一条样条曲线（否则不封闭），如图 3-4-16 所示。【设置】|【体类型】选择片体。效果如图 3-4-17 所示。

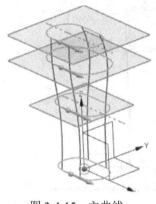

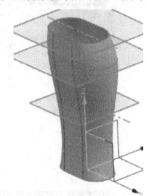

图 3-4-15　主曲线　　　　图 3-4-16　交叉曲线　　　　图 3-4-17　网格曲线效果

6．创建基准平面 4

设置 63 层为当前工作层。选择菜单中的【插入】(Insert) |【基准/点】(Datum/Point) |【基准平面】(Datum Plane) 命令，或单击【特征】(Feature) 工具条上 □基准平面(Datum Plane) 按钮，打开【基准平面】对话框，在【类型】中选【按某一距离】，【平面参考】选择 XY 基准平面，【距离】为 75；单击 确定 按钮，创建基准平面 4，结果如图 3-4-18 所示。

7．修剪通过曲线网格曲面

设置 82 层为当前工作层。选择菜单中的【插入】(Insert) |【修剪】(Trim) |【修剪片体】(Trim Sheet) 命令，或单击【特征】 修剪片体按钮，系统弹出【修剪片体】对话框，如图 3-4-19 所示。目标体选刚创建的曲面，边界对象选基准平面 4，【设置栏】勾选保存目标。单击 确定 ，并关闭 81 层，结果如图 3-4-20 所示。

8．绘制草图 5

设置 22 层为当前工作层。按住 Ctrl+W，弹出图 3-4-21 所示对话框，单击草图 ━、基准平面 ━、曲线 ━，隐藏草图、基准平面、曲线。将显示方式改为静态线框模式（按住鼠标右键，选择弹出式线框图标 ）。

选择下拉菜单【插入】(Insert)|【任务环境中的草图】(Sketch in Task Enviroment)，选 XZ 平面，进入草图截面。创建草图 5，如图 3-4-22 所示。其中，草图 5 中箭头所指的曲线是用草图命令【相交曲线】生成的。

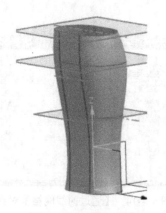  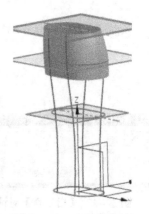

图 3-4-18　基准平面 4　　　图 3-4-19　【修剪片体】对话框　　　图 3-4-20　片体修剪效果

 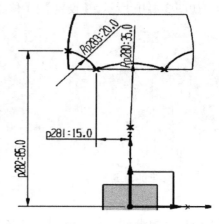

图 3-4-21　【显示和隐藏】对话框　　　图 3-4-22　草图 5

9．拉伸草图 5

设置 83 层为当前工作层。单击【特征】工具条上 拉伸（Extrude）按钮，如图 3-4-23 所示，在【截面】中选择草图 5（相交曲线勿选），【方向】选择 YC，【极限】栏中选择【结束】为对称值，【距离】为 30（图 3-4-24），单击 确定 按钮，结果如图 3-4-25 所示。

  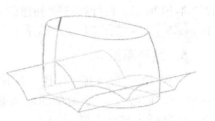

图 3-4-23　【拉伸】对话框　　　图 3-4-24　极限值设置　　　图 3-4-25　曲线拉伸效果

10．修剪片体 2

设置 84 层为当前工作层。选择菜单中的【插入】(Insert)|【修剪】(Trim)|【修剪片体】(Trim Body)命令，或单击【特征】(Feature)工具条上 （修剪片体）按钮，系统弹出【修剪片体】对话框（图 3-4-19）。在图上按提示，先选择修剪的【目标体】为网格曲面，再按鼠标中键，切换到选【边界对象】为上一步"拉伸片体"，【设置栏】勾选保存目标。单击 确定 ，并关闭 82 层，结果如图 3-4-26 所示。

11．创建草图 6

设置 23 层为当前工作层。选择下拉菜单【插入】(Insert)|【草图】(Sketch)。创建草图 6，如图 3-4-27 所示（直线端点正好和草图 5 中的两端点重合）。

12．拉伸草图 6

设置 85 层为当前工作层。单击【特征】工具条上 拉伸（Extrude）按钮，在【截面】中选择草图 6，【方向】选择 ，【极限】栏中选择【开始】为 0，【结束】为 30，单击 确定 按钮，结果如图 3-4-28 所示。

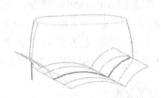
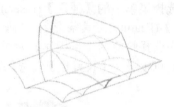

图 3-4-26　修剪片体 2 效果　　图 3-4-27　草图 6　　图 3-4-28　草图 6 拉伸效果

13．修剪片体 3

设置 86 层为当前工作层。选择菜单中的【插入】(Insert)|【修剪】(Trim)|【修剪片体】(Trim Body)命令，或单击【特征】(Feature)工具条上 （修剪片体）按钮，系统弹出【修剪片体】对话框。在图上按提示，先选择修剪的【目标体】为网格曲面，再按鼠标中键，切换到选【边界对象】为草图 6 拉伸后的片体，【设置栏】勾选保存目标。单击 确定 ，并关闭 85 层，结果如图 3-4-29 所示。

14．创建基准平面 5

设置 64 层为当前工作层，关闭其他图层（除 1、61 层）。选择菜单中的【插入】(Insert)|【基准/点】(Datum/Point)|【基准平面】(Datum Plane)命令，或单击【特征】(Feature)工具条上 基准平面(Datum Plane)按钮，打开【基准平面】对话框，在【类型】中选【按某一距离】，【平面参考】选择 XY 基准平面，【距离】为 87；单击 确定 按钮，创建基准平面 5，结果如图 3-4-30 所示。

15．修剪片体 4

设置 87 层为当前工作层，1、64 层可见。选择菜单中的【插入】(Insert)|【修剪】(Trim)|【修剪片体】(Trim Body)命令，或单击【特征】(Feature)工具条上 （修剪片体）按钮，系统弹出【修剪片体】对话框。在图上按提示，先选择修剪的【目标体】为网格曲面，再按鼠标中键，切换到选【边界对象】为基准平面 5，【设置栏】勾选保存目标。单击 确定 ，并关闭 86 层，结果如图 3-4-31 所示。

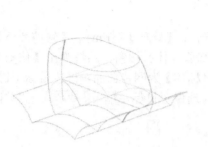  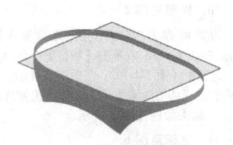

图 3-4-29　修剪片体 3 效果　　　图 3-4-30　基准平面 5　　　图 3-4-31　修剪片体 4 效果

16．修剪片体 5

设置 88 层为当前工作层，打开 86 层，关闭 87 层。修剪过程同上一步。关闭 86 层，最后效果如图 3-4-32 所示。

17．修剪片体 6

设置 89 层为当前工作层，关闭 88 层，打开 81 层。

选择菜单中的【插入】(Insert)｜【修剪】(Trim)｜【修剪片体】(Trim Body)命令，或单击【特征】(Feature)工具条上 （修剪片体）按钮，系统弹出【修剪片体】对话框。在图上按提示，先选择修剪的【目标体】为通过网格曲面，再按鼠标中键，切换到选【边界对象】为基准平面 5（64 层），【设置栏】勾选保存目标。单击 确定 ，并关闭 81 层，结果如图 3-4-33 所示。

图 3-4-32　修剪片体 5 效果　　　图 3-4-33　修剪片体 6 效果

18．求差

设置 90 层为当前工作层，打开 87 层。选择下拉菜单【插入】(Insert)|【组合】(Combine)|【求差】(Subtract) 命令。或者单击【特征】(Feature)工具条上 （求差）按钮，系统弹出【求差】对话框（图 3-4-34）。目标体选 89 层曲面，工具体选 87 层曲面。设置栏勾选保存工具体、目标体。关闭 87、89 层，效果如图 3-4-35 所示。

 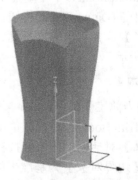

图 3-4-34　【求差】对话框　　　图 3-4-35　求差

19．创建草图 7

设置 24 层为当前工作层，打开 23 层。选择下拉菜单【插入】(Insert)|【草图】(Sketch)。创建草图 7，选择 YZ 平面，关闭 23 层，结果如图 3-4-36 所示。

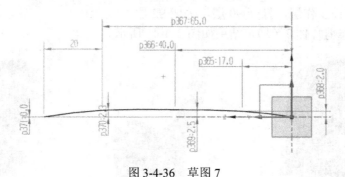

图 3-4-36 草图 7

20．创建草图 8

设置 25 层为当前工作层。选择下拉菜单【插入】(Insert)|【草图】(Sketch)。创建草图 8，选择 XZ 平面，结果如图 3-4-37 所示。

21．创建草图 9

设置 26 层为当前工作层。选择下拉菜单【插入】(Insert)|【草图】(Sketch)。创建草图 9，选择 XZ 平面，结果如图 3-4-38 所示。

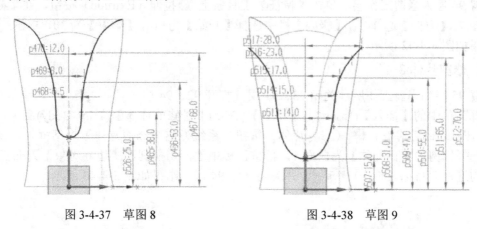

图 3-4-37 草图 8   图 3-4-38 草图 9

22．拉伸草图 7

设置 91 层为当前工作层。单击【特征】工具条上 拉伸（Extrude）按钮，在【截面】中选择草图 7，【方向】选择 ，【极限】栏中选择【结束】为对称值，【距离】为 30，单击 确定 按钮，结果如图 3-4-39 所示。

23．修剪片体 7

设置 92 层为当前工作层，关闭 88 层，打开 81 层。

选择菜单中的【插入】(Insert)|【修剪】(Trim)|【修剪片体】(Trim Body)命令，或单击【特征】(Feature)工具条上 （修剪片体）按钮，系统弹出【修剪片体】对话框。在图上按提示先选择修剪的【目标体】为通过网格曲面，再按鼠标中键，切换到选【边界对象】为刚拉

伸的片体 7（91 层），【设置栏】勾选保存目标。单击 [确定]，并关闭 90 层，结果如图 3-4-40 所示。

24．修剪片体 7（1）

设置 93 层为当前工作层，打开 90 层，关闭 92 层。
用同样方法，修剪片体 7（1），结果如图 3-4-41 所示。

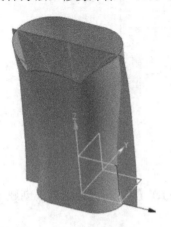 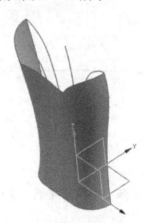 

图 3-4-39　拉伸草图 7　　　　图 3-4-40　修剪片体 7　　　　图 3-4-41　修剪片体 7（1）

25．拉伸草图 8

设置 94 层为当前工作层。单击【特征】工具条上 拉伸（Extrude）按钮，在【截面】中选择草图 7，【方向】选择 ，【极限】栏中选择【开始】为-10，【结束】为 30，单击 [确定] 按钮，结果如图 3-4-42 所示。

26．修剪片体 8

设置 95 层为当前工作层，关闭 93、91 层，打开 92、94 层。
选择菜单中的【插入】(Insert)｜【修剪】(Trim)｜【修剪片体】(Trim Body)命令，或单击【特征】(Feature)工具条上 （修剪片体）按钮，系统弹出【修剪片体】对话框。在图上按提示，先选择修剪的【目标体】为曲面 1，再按鼠标中键，切换到选【边界对象】为曲面 2，【设置栏】勾选保存目标。单击 [确定]，并关闭 92、94 层，结果如图 3-4-43 所示。

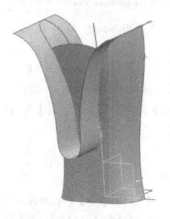 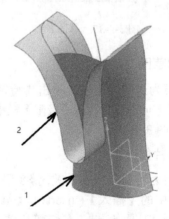

图 3-4-42　拉伸草图 8　　　　图 3-4-43　修剪片体 8

27. 修剪片体 8（1）

设置 96 层为当前工作层，关闭 95 层，打开 92 层。

选择菜单中的【插入】(Insert)│【修剪】(Trim)│【修剪片体】(Trim Body)命令，或单击【特征】(Feature)工具条上 ![] （修剪片体）按钮，系统弹出【修剪片体】对话框。按图 3-4-44 上提示，先选择修剪的【目标体】为曲面 1，再按鼠标中键，切换到选【边界对象】为片体 8（曲面 2），【设置栏】勾选保存目标。单击 确定 ，并关闭 92、94 层，结果如图 3-4-45 所示。（注意：本步骤和上步不同的是【区域】保留时所选的对象相反）

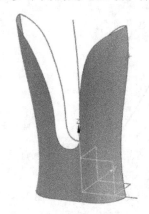 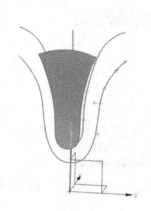

图 3-4-44　修剪片体 8（1）　　　　图 3-4-45　修剪片体 8（1）效果图

28. 拉伸草图 9

设置 97 层为当前工作层。关闭 96 层，打开 92 层。单击【特征】工具条上 ![] 拉伸（Extrude）按钮，在【截面】中选择草图 9，【方向】选择 YC，【极限】栏中选择【开始】为–10，【结束】为 30，单击 确定 按钮，结果如图 3-4-46 所示。

29. 修剪片体 9

设置 98 层为当前工作层，打开 92、97 层。

选择菜单中的【插入】(Insert)│【修剪】(Trim)│【修剪片体】(Trim Body)命令，或单击【特征】(Feature)工具条上 ![] （修剪片体）按钮，系统弹出【修剪片体】对话框。按图 3-4-47 提示，先选择修剪的【目标体】为网格曲面，再按鼠标中键，切换到选【边界对象】为拉伸草图 9（【设置栏】不勾选保存目标）。单击 确定 ，并关闭 97 层，结果如图 3-4-48 所示。

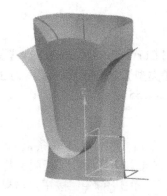 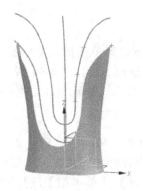 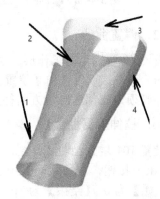

图 3-4-46　拉伸草图 9　　　图 3-4-47　修剪片体 9　　　图 3-4-48　修剪片体 9 效果图

30．创建曲面 10

设置 99 层为当前工作层，关闭 24、25、26 层，打开 87、92、93、96 层。选择下拉菜单【插入】(Insert)|【网格曲面】(Mesh Surface)|【通过曲线网格】（Through Curves Mesh）命令。或者单击【特征】(Feature)工具条上 ![] （通过曲线网格）按钮，系统弹出【通过曲线网格】对话框，如图 3-4-49 所示。【主曲线】选择如图 3-4-50 所示的 1 和 2，【交叉曲线】选择 3 和 4。单击 确定 ，结果如图 3-4-51 所示。

 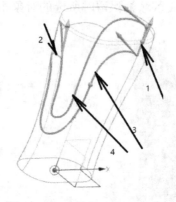 

图 3-4-49 【通过曲线网格】对话框　　图 3-4-50 主曲线、交叉曲线　　图 3-4-51 曲面 10

31．创建有界平面 11

设置 100 层为当前工作层。选择下拉菜单【插入】(Insert)|【曲面】(Surface)|【有界平面】(BoundedPlane)命令，系统弹出【有界平面】对话框，如图 3-4-52 所示。曲线选择剃须刀底部边缘。单击 确定 ，结果如图 3-4-53 所示。

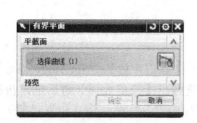 

图 3-4-52 【有界平面】对话框　　　　图 3-4-53　有界平面 11 效果

32．偏置曲线

设置 42 层为当前工作层。选择下拉菜单【插入】(Insert)|【Curve from Curves】()|【偏置】(Offset) 命令，系统弹出【偏置】对话框，如图 3-4-54 所示。【类型】选择距离，距离为 2。曲线选择剃须刀底部边缘，方向往里，单击 确定 ，结果如图 3-4-55 所示。

33．拉伸偏置曲线

设置 101 层为当前工作层。关闭 87、92、92、96、99 层。单击【特征】工具条上 ![] 拉伸(Extrude)按钮，在【截面】中选择刚偏置的曲线（42 层），【方向】选择 ZC，【极限】栏中选择【开始】为 0，【结束】为 30，【设置】|【体类型】选择图纸页，单击 确定 按钮，结果如图 3-4-56 所示。

第三章 曲面设计

图 3-4-54 【偏置曲线】对话框

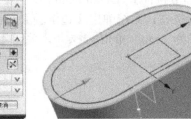

图 3-4-55 偏置曲线

图 3-4-56 拉伸偏置曲线

34．修剪拉伸片体

设置 101 层为当前工作层。选择菜单中的【插入】(Insert)|【修剪】(Trim)|【修剪片体】(Trim Body)命令，或单击【特征】(Feature)工具条上 ✎（修剪片体）按钮，系统弹出【修剪片体】对话框。在图上按提示，先选择修剪的【目标体】为有界平面（剃须刀底面），再按鼠标中键，切换到选【边界对象】为上一步拉伸的片体（【设置栏】不勾选保存目标）。单击 确定 ，结果如图 3-4-57 所示。

35．创建有界平面 12

设置 102 层为当前工作层。选择下拉菜单【插入】(Insert)|【曲面】(Surface)|【有界平面】(Bounded Plane) 命令，系统弹出【有界平面】对话框。曲线选边如图 3-4-58 箭头所示。单击 确定 ，结果如图 3-4-59 所示。

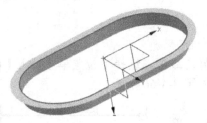

图 3-4-57 修剪拉伸片体效果

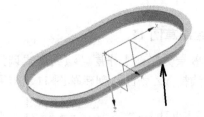

图 3-4-58 有界平面 12 选边

36．缝合片体

设置 103 层为当前工作层。选择下拉菜单【插入】(Insert)|【组合】(Combine)|【缝合】（Sew）命令，系统弹出【缝合】对话框，如图 3-4-60 所示。目标体、工具体选择刚创建的两个有界平面和拉伸偏置对象。单击 确定 ，结果如图 3-4-61 所示。

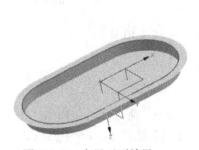

图 3-4-59 有界平面效果

图 3-4-60 【缝合】对话框

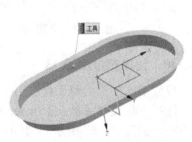

图 3-4-61 缝合效果

37. 边圆角

选择菜单中的【插入】(Insert)｜【细节特征】(Detail Feature)｜【边倒圆】(Edge Blend)命令，或单击【特征】工具条上 边倒圆按钮，系统弹出【边倒圆】对话框，如图3-4-62。选择图3-4-63箭头所示边缘，设置圆角半径为1mm。单击 确定 ，关闭42层，结果如图3-4-64所示。

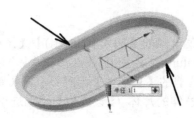
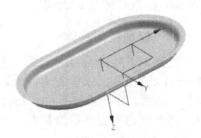

图 3-4-62 【边倒圆】对话框　　图 3-4-63 需要圆角的边　　图 3-4-64 圆角效果图

38. 绘制草图 10

设置 27 层为当前工作层。设置 87、88、92、62 为可见。选择下拉菜单【插入】(Insert)|【草图】(Sketch)。选择基准平面3（顶部基准平面，距离为 105），创建草图 10，结果如图3-4-65所示。

39. 绘制草图 11

设置 28 层为当前工作层。渲染模式调为静态线框。选择下拉菜单【插入】(Insert)|【草图】(Sketch)。选择 YZ 平面，创建草图 11，结果如图3-4-66所示。

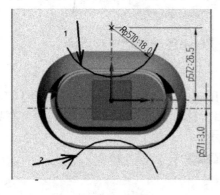
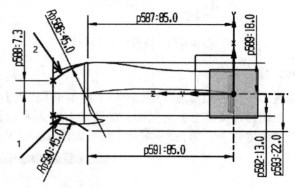

图 3-4-65　草图 10　　　　　　图 3-4-66　草图 11

40. 创建扫掠曲面 13

设置 104 层为当前工作层。

选择下拉菜单【插入】(Insert)|【扫掠】(Sweep)|【扫掠】(Swept)命令，系统弹出【扫掠】对话框，如图3-4-67所示。【截面】选图3-4-65中曲线1，【引导线】选图3-4-66中曲线2。单击 确定 ，结果如图3-4-68所示。

41. 创建扫掠曲面 14

设置 105 层为当前工作层。选择下拉菜单【插入】(Insert)|【扫掠】(Sweep)|【扫掠】（Swept）命令，系统弹出【扫掠】对话框，如图 3-4-67 所示。【截面】选图 3-4-65 中曲线 2，【引导线】选图 3-4-66 中曲线 1。单击 确定 ，结果如图 3-4-69 所示。

图 3-4-67　【扫掠】对话框　　　图 3-4-68　扫掠曲面 13 效果图　　　图 3-4-69　扫掠曲面 14 效果图

42. 修剪扫掠片体 13

设置 106 层为当前工作层。选择菜单中的【插入】(Insert)|【修剪】(Trim)|【修剪片体】(Trim Body)命令，或单击【特征】(Feature)工具条上  （修剪片体）按钮，系统弹出【修剪片体】对话框。在图上按提示，先选择修剪的【目标体】为扫掠片体 13，再按鼠标中键，切换到选【边界对象】为剃须刀头部与其相交的曲面（88 层曲面）。（【设置栏】不勾选保存目标）。单击 确定 ，结果如图 3-4-70 所示。

43. 修剪扫掠片体 14

设置 107 层为当前工作层。选择菜单中的【插入】(Insert)|【修剪】(Trim)|【修剪片体】(Trim Body)命令，或单击【特征】(Feature)工具条上 　（修剪片体）按钮，系统弹出【修剪片体】对话框。在图上按提示，先选择修剪的【目标体】为扫掠片体 14，再按鼠标中键，切换到选【边界对象】为剃须刀头部与其相交的曲面（88 层曲面）（【设置栏】不勾选保存目标）。单击 确定 ，结果如图 3-4-71 所示。

44. 补片 13

设置 108 层为当前工作层。选择下拉菜单【插入】(Insert)|【组合】(Combine)|【补片】（Patch）命令。系统弹出【补片】对话框，如图 3-4-72。【目标体】选择剃须刀头部，【工具体】选择修剪的片体 13。注意要移除的目标区域箭头的方向，如图 3-4-73。单击 确定 ，结果如图 3-4-74 所示。

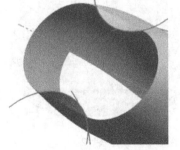

图 3-4-70　修剪扫掠片体 13 效果　　图 3-4-71　修剪扫掠片体 14 效果　　图 3-4-72　【补片】对话框

45. 补片 14

设置 109 层为当前工作层。选择下拉菜单【插入】(Insert)|【组合】(Combine)|【补片】(Patch) 命令。系统弹出【补片】对话框，如图 3-4-72。【目标体】选择剃须刀头部，【工具体】选择修剪的片体 14。注意要移除的目标区域箭头的方向。单击 确定 ，结果如图 3-4-75 所示。

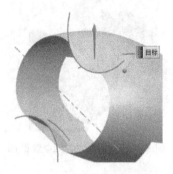
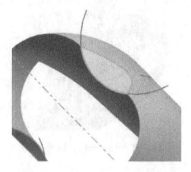
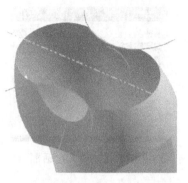

图 3-4-73　扫掠要移除区域方向　　图 3-4-74　补片 13 效果图　　图 3-4-75　补片 14 效果图

46. 创建基准面 6

设置 65 层为当前工作层。关闭 27 层，选择菜单中的【插入】(Insert) |【基准/点】(Datum/Point) |【基准平面】(Datum Plane) 命令，或单击【特征】(Feature) 工具条上 基准平面(Datum Plane)按钮，打开【基准平面】对话框，在【类型】中选【按某一距离】，【平面参考】选择 XY 基准平面，【距离】为 108；单击 确定 按钮，创建基准平面 6，结果如图 3-4-76 所示。

47. 创建草图 12

设置 29 层为当前工作层。选择下拉菜单【插入】(Insert)|【草图】(Sketch)。选择基准平面 6，创建草图 12，结果如图 3-4-77 所示（注：偏置剃须刀头部边缘轮廓的时候，选择栏选边和仅在整个工作部件内）。

48. 创建直纹面

设置 110 层为当前工作层。关闭 65 层，选择下拉菜单【插入】(Insert)|【网格曲面】(Mesh Surface) |【直纹面】(Ruled)，弹出如图 3-4-78 所示的对话框。截面线串 1 选择图 3-4-79 指引线所指的边，截面线串 1 选择草图 12，单击 确定 按钮，效果如图 3-4-80 所示。

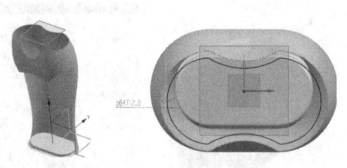

图 3-4-76　基准面 6　　　　图 3-4-77　草图 12　　　　图 3-4-78　【直纹】对话框

第三章 曲面设计

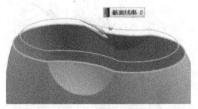

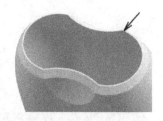

图 3-4-79　直纹面截面线串 1　　　图 3-4-80　直纹面效果图　　　图 3-4-81　创建有界平面 13 的边

49．创建有界平面 13

设置 111 层为当前工作层。关闭 29 层，选择下拉菜单【插入】(Insert)|【曲面】(Surface)|【有界平面】(Bounded Plane) 命令，系统弹出【有界平面】对话框。曲线选择如图 3-4-81 箭头所指的边缘。单击 确定 ，结果如图 3-4-82 所示。

50．绘制草图 13

设置 30 层为当前工作层。选择下拉菜单【插入】(Insert)|【草图】(Sketch)。选择剃须刀顶面，创建草图 13，结果如图 3-4-83 所示。

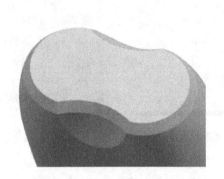
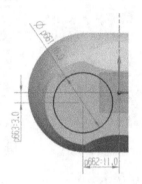

图 3-4-82　有界平面 13　　　　　图 3-4-83　草图 13

51．拉伸草图 13

设置 112 层为当前工作层。单击【特征】工具条上 拉伸（Extrude）按钮，在【截面】中选择草图 13，【方向】选择 ，【极限】栏中选择【开始】为 0，【结束】为 2，【设置】|【体类型】选择图纸页，单击 确定 按钮，结果如图 3-4-84 所示。

52．修剪拉伸片体 13

设置 113 层为当前工作层。选择菜单中的【插入】(Insert)｜【修剪】(Trim)｜【修剪片体】(Trim Body)命令，或单击【特征】(Feature)工具条上 （修剪片体）按钮，系统弹出【修剪片体】对话框。在图上按提示，先选择修剪的【目标体】为有界平面 13（剃须刀顶面），再按鼠标中键，切换到选【边界对象】为上一步拉伸的片体 13(【设置栏】不勾选保存目标)。单击 确定 ，结果如图 3-4-85 所示。

53．创建有界平面 14

设置 114 层为当前工作层。选择下拉菜单【插入】(Insert)|【曲面】(Surface)|【有界平面】(Bounded Plane) 命令，系统弹出【有界平面】对话框，曲线选择如图 3-4-86 箭头所示。单击 确定 ，结果如图 3-4-87 所示。

  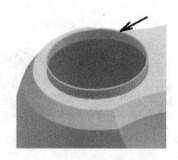

图 3-4-84　拉伸草图 13　　图 3-4-85　修剪拉伸片体 13　　图 3-4-86　创建有界平面 14 的边

54．面倒圆角

选择菜单中的【插入】(Insert)｜【细节特征】(Detail Feature)｜【面倒圆】(Face Blend)命令，或单击【特征】工具条上 边倒圆按钮，系统弹出【面倒圆】对话框，如图 3-4-88。【横截面】半径为 0.5mm。单击 确定 ，结果如图 3-4-89 所示（注意圆角的方向和边圆角的区别：面圆角选的是面，边圆角选的是边）。

图 3-4-87　有界平面 14　　图 3-4-88　【面倒角】对话框　　图 3-4-89　面倒圆角效果

55．加厚片体 1

设置 2 层为当前工作层。选择菜单中的【插入】(Insert)｜【偏置/缩放】(Offset/Scale)｜【加厚】(Thickness) 命令，或单击【特征】工具条上 边倒圆按钮，系统弹出【加厚】对话框，如图 3-4-90 所示。【横截面】半径为 0.5mm。单击 确定 ，结果如图 3-4-91 所示（注意加厚的放向，向内）。

56．绘制草图 14

设置 31 层为当前工作层，关闭 30、114 层。选择下拉菜单【插入】(Insert)|【草图】(Sketch)。选择剃须刀顶面，创建草图 14，结果如图 3-4-92 所示。

 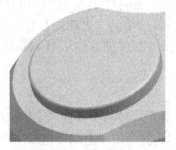 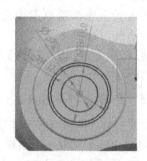

图 3-4-90　【加厚】对话框　　图 3-4-91　加厚效果　　图 3-4-92　草图 14

57. 拉伸草图 14

设置 3 层为当前工作层。单击【特征】工具条上 拉伸（Extrude）按钮，在【截面】选择草图 14，【方向】选择 ，【极限】栏中选择【开始】为 0，【结束】为 0.25，【布尔】|【求差】选择加厚片体 1，【设置】|【体类型】选择实体，单击 确定 按钮，关闭 31 层。结果如图 3-4-93 所示。

58. 绘制草图 15

设置 32 层为当前工作层。选择下拉菜单【插入】(Insert)|【草图】(Sketch)。选择剃须刀顶面，创建草图 15，结果如图 3-4-94 所示。

59. 拉伸草图 15

设置 4 层为当前工作层。单击【特征】工具条上 拉伸（Extrude）按钮，在【截面】选择草图 15，【方向】选择 ，【极限】栏中选择【开始】为 0，【结束】为 1，【布尔】|【求差】选择加厚片体 1，【设置】|【体类型】选择实体，单击 确定 按钮，关闭 32 层。结果如图 3-4-95 所示。

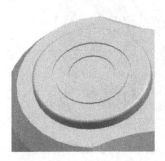  

图 3-4-93　拉伸草图 14　　　　图 3-4-94　草图 15　　　　图 3-4-95　拉伸草图 15

60. 圆形阵列 1

选择菜单中的【插入】(Insert)|【关联复制】(Associative Copy)|【对特征形成图样】(Pattern Feature) 命令，或单击【特征】工具条上 对特征形成图样按钮，系统弹出【对特征形成图样】对话框，如图 3-4-96。选择刚创建拉伸对象，【阵列定义】布局为圆形，【旋转轴】指定矢量为选圆柱面，【角度和方向】数量为 70、节距角为 360°/70。单击 确定 ，结果如图 3-4-97 所示。

61. 绘制草图 16

设置 33 层为当前工作层。选择下拉菜单【插入】(Insert)|【草图】(Sketch)。选择剃须刀顶面，创建草图 16，结果如图 3-4-98 所示。

 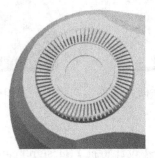 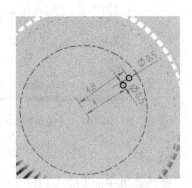

图 3-4-96　【对特征形成图样】对话框　　图 3-4-97　图形阵列 1 效果　　图 3-4-98　草图 16

62. 拉伸草图 16

设置 5 层为当前工作层。单击【特征】工具条上 拉伸（Extrude）按钮，在【截面】选择草图 16，【方向】选择 ZC，【极限】栏中选择【开始】为 0，【结束】为 1，【布尔】|【求差】选择加厚片体 1，【设置】|【体类型】选择实体，单击 确定 按钮，关闭 33 层。结果如图 3-4-99 所示。

63. 圆形阵列 2

选择菜单中的【插入】（Insert）|【关联复制】（Associative Copy）|【对特征形成图样】（Pattern Feature）命令，或单击【特征】工具条上 对特征形成图样按钮，系统弹出【对特征形成图样】对话框。选择刚创建拉伸对象，【阵列定义】布局为圆形，【旋转轴】指定矢量为选圆柱面，【角度和方向】数量为 70、节距角为 360°/70。单击 确定 ，结果如图 3-4-100 所示。

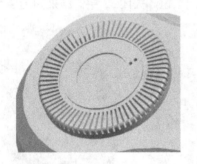 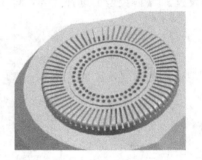

图 3-4-99　拉伸草图 16 效果　　　　图 3-4-100　圆形阵列 2 效果

64. 镜像特征

选择菜单中的【插入】（Insert）|【关联复制】（Associative Copy）|【镜像体】（Mirror Boby）命令，或单击【特征】工具条上 镜像体按钮，系统弹出【镜像体】对话框（图 3-4-101）。体选择加厚片体 1 及其上特征，镜像平面选择 YZ 平面。单击 确定 ，结果如图 3-4-102 所示。

图 3-4-101　【镜像体】对话框　　　　图 3-4-102　镜像体效果

65. 球

选择菜单中的【插入】(Insert)|【设计特征】(Design Feature)命令，单击【球】(Sphere)，系统弹出【球】对话框，如图 3-4-103 所示。在【类型】下拉列表中选择【中心点和直径】，在

【中心点】|【指定点】中选择 ⊕，输入坐标点 xc 为 0、yc 为-12、zc 为 60,直径为 10。单击 确定 按钮，结果如图 3-4-104 所示。

图 3-4-103　【球】对话框

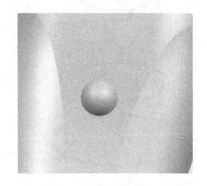
图 3-4-104　球效果

66．修剪球

选择菜单中的【插入】(Insert)|【修剪】(Trim)|【修剪体】(Trim Body)命令，或单击【特征】(Feature)工具条上 （修剪体）按钮，系统弹出【修剪体】对话框，如图 3-4-105。在图上按提示先选择修剪的【目标体】为"球"，再按鼠标中键，切换到选【刀具面】为片体（96 层），单击 确定 ，结果如图 3-4-106 所示。

图 3-4-105　【修剪体】对话框

图 3-4-106　修剪球效果

67．保存文件

关闭 61 层，通过适当着色和渲染，就可以得到图 3-4-1 的效果图。单击【标准】工具条上的 （保存）按钮保存文件。

拓展练习题

1．根据如图 3-ex-1 所示曲线，并利用曲面、裁剪、抽壳、扫掠等方法，完成饮料杯实体模型（图 3-ex-2）的创建。

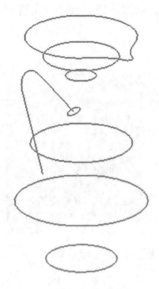

图 3-ex-1 饮料杯曲线图   图 3-ex-2 饮料杯

2．创建如图 3-ex-3 所示拨叉实体模型。

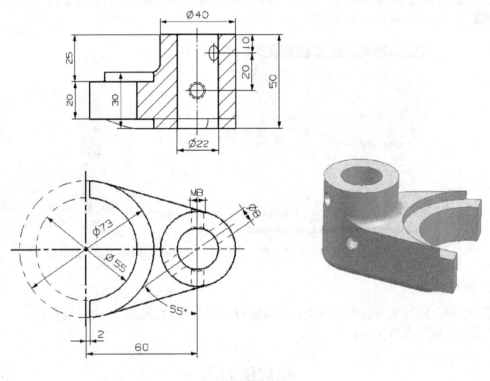

图 3-ex-3 拨叉

3．参照如图 3-ex-4 所示的曲线，利用曲面抽壳等方法，完成吹风嘴实体模型的创建（图 3-ex-5）。

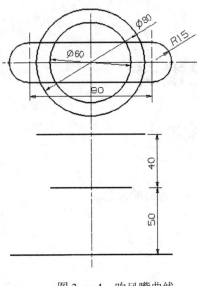

图 3-ex-4　吹风嘴曲线

图 3-ex-5　吹风嘴

第四章 装配设计

实例一 千斤顶装配设计

【学习任务】
  根据素材文件,使用自底向上的装配方法,完成千斤顶的装配设计。

【学习目标】
  ① 了解 UG NX8.0 自底向上装配的步骤;
  ② 掌握引用集的概念和使用方法;
  ③ 能够使用装配约束命令完成零件的装配约束。

【操作步骤】

1. 新建装配文件

选择菜单中的【文件】(File) |【新建】(New) 命令, 或选择 (创建一个新的文件) 按钮,系统出现【新建】对话框,在【模板】下选择【装配】,在【名称】栏中输入【qianjinding_zp】,在【单位】下拉框中选择【毫米】,单击 确定 按钮,创建一个文件名为 qianjinding_zp.prt、单位为毫米的文件,并自动启动【添加组件】对话框,如图 4-1-1 所示。在对话框中单击 取消 按钮,系统进入装配模块,初始界面如图 4-1-2 所示。

 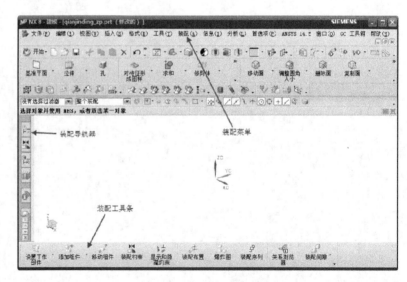

图 4-1-1 【添加组件】对话框　　　　　图 4-1-2 装配模块初始界面

2. 安装底座

选择菜单中的【装配】(Assemblies) |【组件】(Components) |【添加组件】(Add Component) 命令, 或单击装配工具条上的 (添加组件) 按钮, 系统弹出如图 4-1-1 所示【添加组件】对话框。在对话框中单击 (打开) 按钮,出现【部件名】对话框,在计算机文件夹

第四章　装配设计

"qianjinding"下，选择底座 dz 零件，出现如图 4-1-3 所示对话框，然后单击 OK 按钮，主窗口右下角出现一个【组件预览】小窗口。

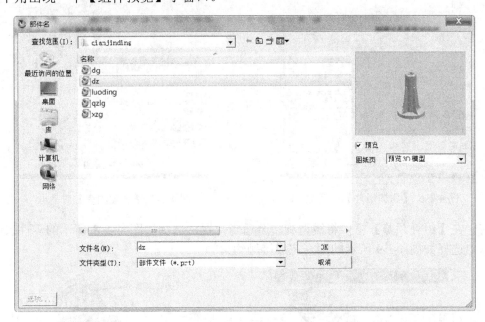

图 4-1-3　【部件名】对话框

在【添加组件】对话框【定位】下拉框中选择【绝对原点】，在【设置】选项组【引用集】选项下拉框中选择【模型（"MODEL"）】，如图 4-1-4 所示，然后在对话框中单击 应用 按钮，这样就加入了第一个零件，如图 4-1-5 所示。

图 4-1-4　设置【添加组件】选项

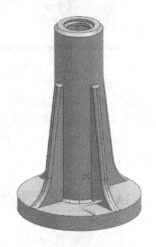

图 4-1-5　添加组件底座

3. 安装起重螺杆

按照步骤 2 同样的方法，打开起重螺杆（qzlg.prt）零件，在【添加组件】对话框【定位】下拉框中选择【通过约束】，在【设置】选项组【引用集】选项下拉框中选择【模型（"MODEL"）】，如图 4-1-6 所示，然后在对话框中单击 确定 按钮，系统弹出【装配约束】对话框，如图 4-1-7 所示。

图 4-1-6 【添加组件】对话框

图 4-1-7 【装配约束】对话框

接着,在【组件预览】窗口将模型旋转至适当位置,选择如图 4-1-8 所示的零件表面,然后在主窗口选择如图 4-1-9 所示的面,完成接触约束。

图 4-1-8 选取零件表面

图 4-1-9 选取约束面

继续添加约束。在【装配约束】对话框【方位】选项组中,选取【自动判断中心/轴】,在【组件预览】窗口将模型旋转至适当位置,选择如图 4-1-10 所示的圆柱面,然后在主窗口选择如图 4-1-11 所示的约束圆柱面,最后在【装配约束】对话框单击 确定 按钮,完成起重螺杆安装,如图 4-1-12 所示。

图 4-1-10 选取圆柱面

图 4-1-11 选取约束圆柱面

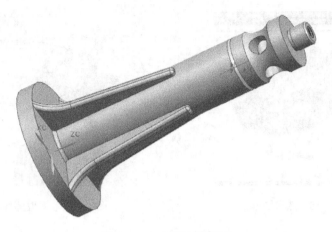

图 4-1-12　安装起重螺杆

4. 安装顶盖

按照同样的方法打开顶盖（dg.prt）零件，在【添加组件】对话框【定位】下拉框中选择【通过约束】，在【设置】选项组【引用集】选项下拉框中选择【模型（"MODEL"）】，然后在对话框中单击 应用 按钮，系统弹出【装配约束】对话框。在【装配约束】对话框【方位】选项组中选取【接触】，接着在【组件预览】窗口将模型旋转至适当位置，选择如图 4-1-13 所示的零件表面，然后在主窗口选择如图 4-1-14 所示的面，完成接触约束。

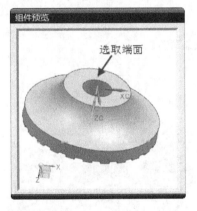

图 4-1-13　选取零件表面　　　　图 4-1-14　选取约束端面

继续添加约束。在【装配约束】对话框【方位】选项组中选取【自动判断中心/轴】，在【组件预览】窗口将模型旋转至适当位置，选择如图 4-1-15 所示的圆柱面，然后在主窗口选择如图 4-1-16 所示的圆柱面，最后在【装配约束】对话框单击 确定 按钮完成顶盖安装，如图 4-1-17 所示。

5. 安装螺钉

按照同样的方法打开螺钉（luoding）零件，在【添加组件】对话框【定位】下拉框中选择【通过约束】，在【设置】选项组【引用集】选项下拉框中选择【模型（"MODEL"）】，然后在对话框中单击 应用 按钮，系统弹出【装配约束】对话框。在【装配约束】对话框【方位】选项组中选取【接触】，接着在【组件预览】窗口将模型旋转至适当位置，选择如图 4-1-18 所示的零件表面，然后在主窗口选择如图 4-1-19 所示的面，完成接触约束。

图 4-1-15 选取圆柱面

图 4-1-16 选取圆柱约束面

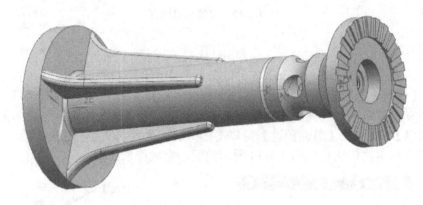
图 4-1-17 安装顶盖

图 4-1-18 选取螺钉表面

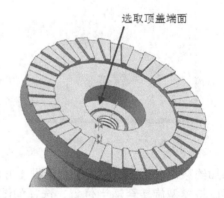
图 4-1-19 选取顶盖约束面

继续添加约束。在【装配约束】对话框【方位】选项组中选取【自动判断中心/轴】，在【组件预览】窗口将模型旋转至适当位置，选择如图 4-1-20 所示的圆柱面，然后在主窗口选择如图 4-1-21 所示的圆柱面，最后在【装配约束】对话框单击 确定 按钮完成螺钉安装，如图 4-1-22 所示。

6．安装旋转杆

打开【装配导航器】，如图 4-1-23 所示，在零件 qzlg 节点上右击，在弹出的快捷菜单中选取【替换引用集】|【整个部件】命令，如图 4-1-24 所示。

第四章 装配设计

图 4-1-20 选取螺钉圆柱面

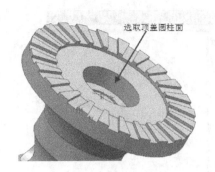

图 4-1-21 选取顶盖圆柱面

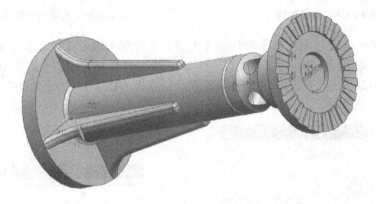

图 4-1-22 安装螺钉

图 4-1-23 打开【装配导航器】

图 4-1-24 替换引用集

按照同样的方法打开旋转杆（xzg.prt）零件，在【添加组件】对话框【定位】下拉框中选择【通过约束】，在【设置】选项组【引用集】选项下拉框中选择【模型（"MODEL"）】，然后在对话框中单击 确定 按钮，系统弹出【装配约束】对话框。接着在【组件预览】窗口将模型旋转至适当位置，选择如图 4-1-25 所示的零件轴线，然后在主窗口选择如图 4-1-26 所示的中心线，完成中心线对齐约束。

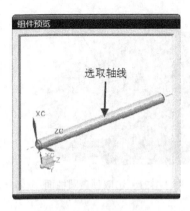
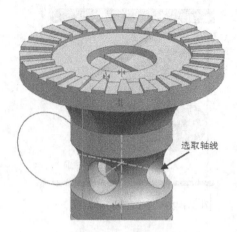

图 4-1-25 选取轴线　　　　　图 4-1-26 选取约束中心线

继续添加约束。在【装配约束】对话框【类型】下拉框中选取【中心】选项,在【子类型】下拉框中选取【2 对 1】选项,如图 4-1-27 所示。在【组件预览】窗口将模型旋转至适当位置,依次选择如图 4-1-28 所示的圆柱端面,然后在主窗口选择如图 4-1-29 所示的基准面,最后在【装配约束】对话框单击 确定 按钮完成旋转杆安装,如图 4-1-30 所示。

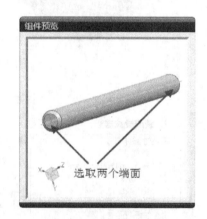

图 4-1-27 【装配约束】对话框　　　　　图 4-1-28 选取约束端面

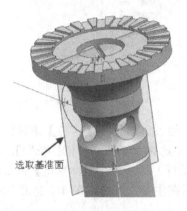

图 4-1-29 选取基准面　　　　　图 4-1-30 安装旋转杆

7. 替换引用集、隐藏装配约束

按照步骤 6 同样的方法，打开【装配导航器】，在零件 qzlg 节点上右击，在弹出的快捷菜单中选取【替换引用集】|【MODEL】，然后在【装配导航器】中【约束】节点上右击，在弹出的快捷菜单中取消选中【在图形窗口中显示约束】。至此完成千斤顶装配操作，结果如图 4-1-31 所示。

8. 保存文件

按指定路径保存文件。

图 4-1-31　千斤顶装配图

实例二　小脚轮装配设计

【学习任务】
根据素材文件，使用自底向上的方法，完成小脚轮的装配设计。

【学习目标】
① 熟练掌握 UG NX8.0 自底向上装配的步骤；
② 掌握引用集的概念和使用方法；
③ 能够使用装配约束命令完成零件的装配约束。

【操作步骤】

1. 新建装配文件

选择菜单中的【文件】（File）|【新建】（New）命令，或选择 （创建一个新的文件）按钮，系统出现【新建】对话框，在【模板】下选择【装配】，在【名称】栏中输入【xiaojiaolun_zp】，在【单位】下拉框中选择【毫米】，单击 确定 按钮，创建一个文件名为 xiaojiaolun_zp.prt、单位为毫米的文件，并自动启动【添加组件】对话框，如图 4-2-1 所示。

2. 安装轴

在【添加组件】对话框中单击 （打开）按钮，出现【部件名】对话框，在计算机文件夹"xiaojiaolun"下选择轴（zhou.prt）零件，然后单击 OK 按钮，主窗口右下角出现一个【组件预览】小窗口，如图 4-2-2 所示。在【添加组件】对话框【定位】下拉框中选择【绝对原点】，在【设置】选项组【引用集】选项下拉框中选择【模型（"MODEL"）】，然后在对话框中单击 应用 按钮，这样就加入了第一个零件，如图 4-2-3 所示。

3. 安装垫圈

在【添加组件】对话框中打开垫圈（dianquan.prt）零件，在【添加组件】对话框【定位】下拉框中选择【通过约束】，在【设置】选项组【引用集】选项下拉框中选择【模型（"MODEL"）】，然后在对话框中单击 应用 按钮，系统弹出【装配约束】对话框，如图 4-2-4 所示。

图 4-2-1 【添加组件】对话框

图 4-2-2 【组件预览】窗口

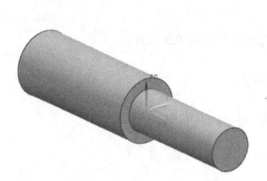

图 4-2-3 添加轴零件

图 4-2-4 【装配约束】对话框

在【装配约束】对话框【类型】选项中选择【同心】约束,接着在【组件预览】窗口将模型旋转至适当位置,选择如图 4-2-5 所示的垫圈轮廓边,然后在主窗口选择如图 4-2-6 所示的轴轮廓边,完成同心约束。

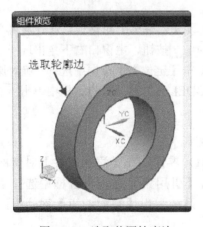

图 4-2-5 选取垫圈轮廓边

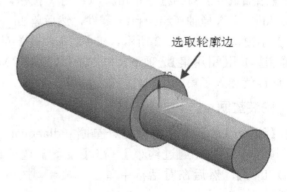

图 4-2-6 选取轴轮廓边

4. 安装轮叉

在【添加组件】对话框中打开轮叉（luncha.prt）零件，在【添加组件】对话框【定位】下拉框中选择【通过约束】，在【设置】选项组【引用集】选项下拉框中选择【模型（"MODEL"）】，在【图层选项】下拉框中选择【工作】，然后在对话框中单击 应用 按钮，系统弹出【装配约束】对话框，在【类型】选项中选择【接触对齐】约束，在【方位】下拉框中选取【自动判断中心/轴】，如图 4-2-7 所示。接着在【组件预览】窗口将模型旋转至适当位置，选择如图 4-2-8 所示的轮叉轴线，然后在主窗口选择如图 4-2-9 所示的轴线，完成轴对齐约束。

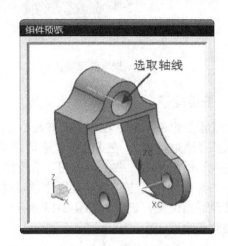

图 4-2-7 轮叉【装配约束】对话框　　　　图 4-2-8 选取轮叉轴线

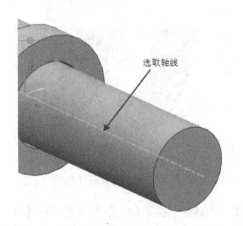
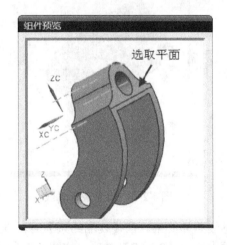

图 4-2-9 选取轴线　　　　图 4-2-10 选取约束面

继续添加约束。在【装配约束】对话框【类型】下拉框中选取【接触对齐】选项，在【方位】下拉框中选取【首选接触】。在【组件预览】窗口将模型旋转至适当位置，依次选择如图 4-2-10 所示的面，然后在主窗口选择如图 4-2-11 所示的端面，最后在【装配约束】对话框单击 确定 按钮，完成轮叉零件的安装，如图 4-2-12 所示。

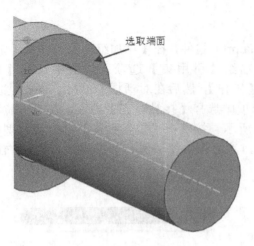
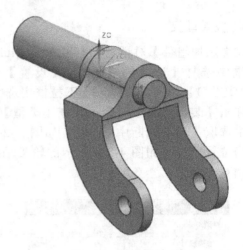

图 4-2-11　选取约束端面　　　　　　图 4-2-12　安装轮叉

5. 安装轮子

在【添加组件】对话框中打开轮子（lunzi.prt）零件，在【添加组件】对话框【定位】下拉框中选择【通过约束】，在【设置】选项组【引用集】选项下拉框中选择【模型（"MODEL"）】，然后在对话框中单击 应用 按钮，系统弹出【装配约束】对话框，在【类型】选项中选择【接触对齐】约束，在【方位】下拉框中选取【自动判断中心/轴】。接着在【组件预览】窗口将模型旋转至适当位置，选择如图 4-2-13 所示的轴线，然后在主窗口选择如图 4-2-14 所示的轴线，完成轴对齐约束。

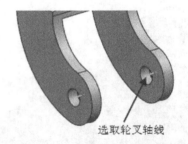

图 4-2-13　选取轮子轴线　　　　　　图 4-2-14　选取轮叉轴线

继续添加约束。在【装配约束】对话框【类型】下拉框中选取【中心】选项，在【子类型】下拉框中选取【2 对 2】选项，如图 4-2-15 所示。在【组件预览】窗口将模型旋转至适当位置，依次选择如图 4-2-16 所示的两端面，然后在主窗口依次选择如图 4-2-17 所示的两外侧面，最后在【装配约束】对话框单击 确定 按钮完成轮子安装，如图 4-2-18 所示。

6. 安装销轴

打开【装配导航器】，在零件 lunzi 节点上右击，如图 4-2-19 所示，在弹出的快捷菜单中选取【替换引用集】|【整个部件】，将基准平面显示出来，如图 4-2-20 所示。

图 4-2-15 轮子【装配约束】对话框

图 4-2-16 选取两侧端面

图 4-2-17 选取轮叉两外侧面

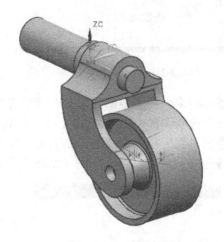
图 4-2-18 安装轮子

图 4-2-19 替换引用集

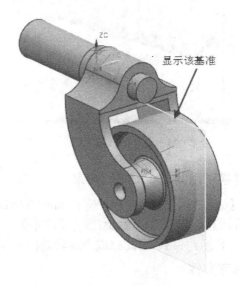
图 4-2-20 显示基准平面

打开销轴（xiaozhou.prt）零件，在【添加组件】对话框【定位】下拉框中选择【通过约束】，在【设置】选项组【引用集】选项下拉框中选择【整个部件】，然后在对话框中单击 确定 按钮，系统弹出【装配约束】对话框，在【类型】选项中选择【接触对齐】约束，在【方位】下拉框中选取【自动判断中心/轴】。接着在【组件预览】窗口将模型旋转至适当位置，选择如图4-2-21 所示的销轴轴线，然后在主窗口选择如图 4-2-22 所示的轮叉轴线，完成轴对齐约束。

图 4-2-21　选取销轴轴线

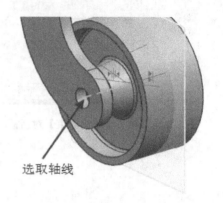
图 4-2-22　选取轮叉轴线

继续添加约束。在【装配约束】对话框【类型】下拉框中选取【接触对齐】选项，在【方位】下拉框中选取【首选接触】。在【组件预览】窗口将模型旋转至适当位置，选择如图 4-2-23 所示的基准面，然后在主窗口选择如图 4-2-24 所示的基准面，最后在【装配约束】对话框单击 确定 按钮完成销轴安装，如图 4-2-25 所示。

图 4-2-23　选取销轴基准面

图 4-2-24　选取轮子基准面

7．替换引用集、隐藏装配约束

打开【装配导航器】，分别在零件 lunzi 和 xiaozhou 节点上右击，在弹出的快捷菜单中选取【替换引用集】｜【MODEL】，然后在【约束】节点上右击，在弹出的快捷菜单中取消选中【在图形窗口中显示约束】。至此完成小脚轮装配操作，结果如图 4-2-26 所示。

8．保存文件

按指定路径保存文件。

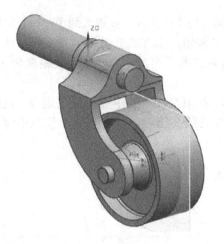

图 4-2-25　安装销轴

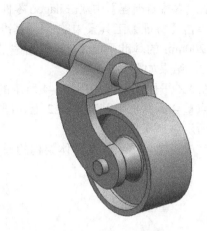

图 4-2-26　小脚轮安装效果图

实例三　摩托车车架装配设计

【学习任务】
　　使用自顶向下的方法，完成摩托车车架的装配设计。
【学习目标】
　　① 了解 UG NX8.0 自顶向下装配的步骤；
　　② 掌握 WAVE 几何链接器的概念和使用方法；
　　③ 能够使用自顶向下的方法完成零件的装配设计。
【操作步骤】
　　1. 车架总体架构设计
　　（1）选择菜单中的【文件】(File)｜【新建】(New) 命令，或选择 （创建一个新的文件）按钮，系统出现【新建】对话框，在【模板】下选择【装配】，在【名称】栏中输入【chejia_zp】，在【单位】下拉框中选择【毫米】，单击 确定 按钮，创建一个文件名为 chejia_zp.prt、单位为毫米的文件，并自动启动【添加组件】对话框。
　　（2）关闭【添加组件】对话框。选择菜单中的【装配】(Assemblies)｜【组件】(Components)｜【新建组件】(Create New Component) 命令，或在【装配】工具条中选择 （新建组件）按钮，系统出现【新组件文件】对话框，在【模板】下选择【模型】，在【名称】栏中输入【jiagou】，在【单位】下拉框中选择【毫米】，单击 确定 按钮，创建一个文件名为 jiagou.prt、单位为毫米的文件，并自动启动【新建组件】对话框，如图 4-3-1 所示。单击【确定】按钮，按默认设置创建一个不含任何对象的新零件。打开【装配导航器】，其结构如图 4-3-2 所示。

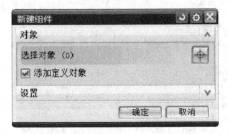

图 4-3-1　【新建组件】对话框

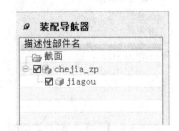

图 4-3-2　【装配导航器】结构

（3）在【装配导航器】中双击 jiagou 零件，使其变为工作部件，并进入到【建模】应用模块。

（4）单击【特征】工具条中的 □（基准平面）按钮，以 YZ 平面为参考平面，建立一个偏置距离为 200mm 的基准平面 1。再以新建的平面为参考平面，建立一个偏置距离为 350mm 的基准平面 2。结果如图 4-3-3 所示。

（5）在 XZ 平面上创建如图 4-3-4 所示的草图。约束直线 1 的中点与原点重合，直线 2 和直线 3 的端点重合，并位于基准平面 2 上，圆弧 4 与直线 2 相切，且切点位于基准平面 1 上，并按照图中所示添加尺寸约束。

（6）完成草图。结束车架总体架构的设计。

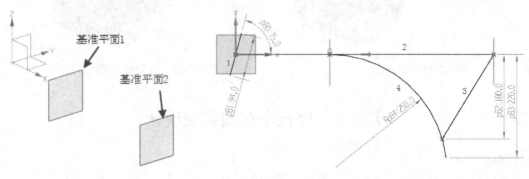

图 4-3-3 建立 2 个基准平面　　　　　　图 4-3-4 创建草图

2．车架前立管设计

（1）在【装配导航器】中双击 chejia 组件，使其变为工作部件。

（2）选择菜单中的【装配】（Assemblies）|【组件】（Components）|【新建组件】（Create New Component）命令，或在【装配】工具条中选择 （新建组件）按钮，系统出现【新组件文件】对话框，在【模板】下选择【模型】，在【名称】栏中输入【qianliguan】，在【单位】下拉框中选择【毫米】，单击 确定 按钮，创建一个文件名为 qianliguan.prt、单位为毫米的文件，并自动启动【新建组件】对话框。单击【确定】按钮按默认设置创建一个不含任何对象的新零件。此时【装配导航器】结构如图 4-3-5 所示。

（3）在【装配导航器】中双击 qianliguan 零件，使其变为工作部件。

（4）在【装配】工具条中选择 （WAVE 几何链接器）按钮，系统出现【WAVE 几何链接器】对话框，如图 4-3-6 所示。在【类型】选项中选择【草图】，接着在绘图区选取上一步创建的草图，单击【确定】按钮，将零件 jiagou 中的草图曲线链接到当前工作部件中。

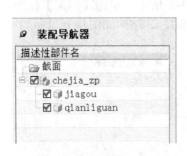
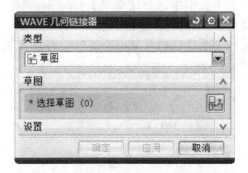

图 4-3-5 【装配导航器】结构　　　　　图 4-3-6 【WAVE 几何链接器】对话框

提示：如果看不到上一步创建的草图，在装配导航器中，可将零件 jiagou 的引用集替换为【整个部件】。

（5）单击【特征】工具条中的 □（基准平面）按钮，创建前立管轴线的两个垂直平面，一个是端部平面，一个是中间平面，如图 4-3-7 所示。

（6）利用【草图】工具，在上一步创建的中间平面上，绘制如图 4-3-8 所示的草图。约束圆心与基准坐标系原点重合。

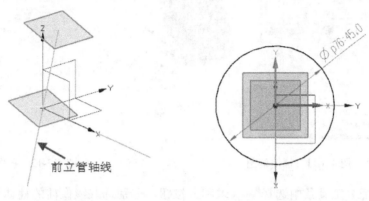

图 4-3-7　创建基准平面　　　　　　　　图 4-3-8　绘制草图

（7）在【特征】工具条中选择 ⊞（拉伸）按钮，在对话框中选择相应的参数，并将草图沿前立管轴线方向拉伸到端部平面，如图 4-3-9 所示。

（8）利用【草图】工具在上面创建的柱体上表面上绘制如图 4-3-10 所示的草图。约束草图圆与柱体上表面圆边同心。

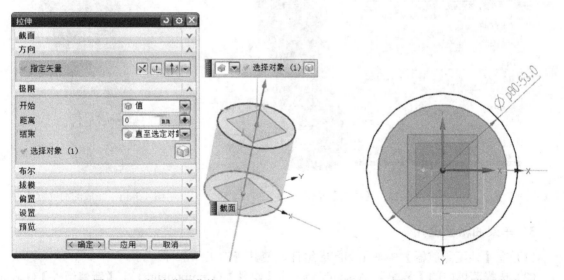

图 4-3-9　拉伸草图曲线　　　　　　　　图 4-3-10　绘制草图曲线

（9）在【特征】工具条中选择 ⊞（拉伸）按钮，将草图向上拉伸 20mm，并与上一步创建的柱体求和，如图 4-3-11 所示。

（10）在【特征】工具条中选择 ⊞（镜像特征）按钮，选取上面创建的两柱体为镜像的特征，选取中间平面为镜像平面，如图 4-3-12 所示。

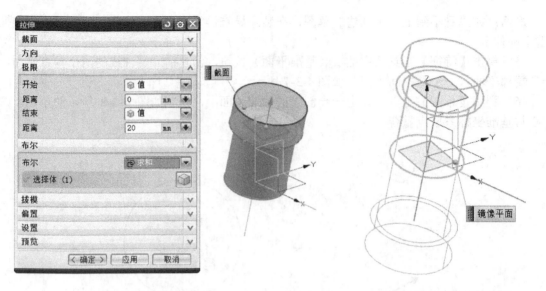

图 4-3-11 拉伸草图　　　　　　　图 4-3-12 镜像柱体特征

（11）在【特征】工具条中选择 (求和) 按钮，分别选取镜像前的柱体和镜像后得到的柱体为【目标体】和【刀具体】，单击【确定】按钮将两者求和。

（12）在【特征】工具条中选择 (抽壳) 按钮，选取镜像后零件的两个端面为【要穿透的面】，设置【厚度】为 2mm，如图 4-3-13 所示。完成后的前立管如图 4-3-14 所示。

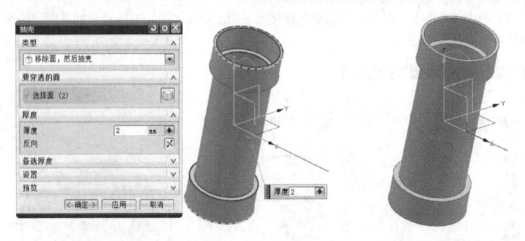

图 4-3-13 【抽壳】操作　　　　　　　图 4-3-14 完成的前立管零件

3. 车架油箱管设计

（1）在【装配导航器】中双击 chejia 组件，使其变为工作部件。

（2）选择菜单中的【装配】（Assemblies）|【组件】（Components）|【新建组件】（Create New Component）命令，或在【装配】工具条中选择 (新建组件) 按钮，系统出现【新组件文件】对话框，在【模板】下选择【模型】，在【名称】栏中输入【youxiangguan】，在【单位】下拉框中选择【毫米】，单击 确定 按钮，创建一个文件名为 youxiangguan.prt、单位为毫米的文件，并自动启动【新建组件】对话框。单击【确定】按钮按默认设置创建一个不含任何对象的新零件。

（3）在【装配导航器】中双击 youxiangguan 零件，使其变为工作部件。

（4）在【装配】工具条中选择 （WAVE 几何链接器）按钮，系统出现【WAVE 几何链接器】对话框。在【类型】选项中选择【草图】，接着在绘图区选取零件 jiagou 创建的草图，单击【应用】按钮将零件 jiagou 中的草图曲线链接到当前工作部件中。接着在【类型】选项中选择【面】，在绘图区选取如图 4-3-15 所示的圆柱面，单击【确定】按钮，将零件 qianliguan 中的圆柱面链接到当前工作部件中。结果如图 4-3-16 所示。

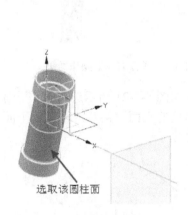
图 4-3-15 选取圆柱面

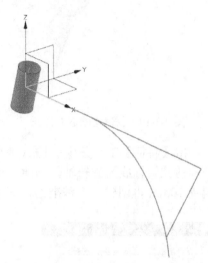
图 4-3-16 链接草图和圆柱面

（5）选择菜单中的【插入】(Insert) | 【扫掠】(Sweep) | 【管道】(Tube) 命令，系统弹出【管道】对话框，如图 4-3-17 所示。选取上一步链接得到的圆弧和部分直线为管道路径，如图 4-3-18 所示，并按照图 4-3-17 所示设置【横截面】参数，单击 确定 按钮，创建管道如图 4-3-19 所示。

图 4-3-17 【管道】对话框

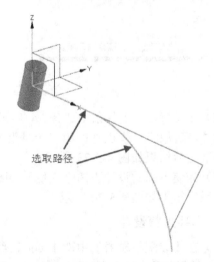
图 4-3-18 选取路径曲线

（6）在【特征】工具条中选择 （修剪体）按钮，系统弹出【修剪体】对话框。选取管道为目标体，选取圆柱面为刀具体，单击 确定 按钮完成修剪体操作。隐藏圆柱面和 qianliguan 零件后，结果如图 4-3-20 所示。

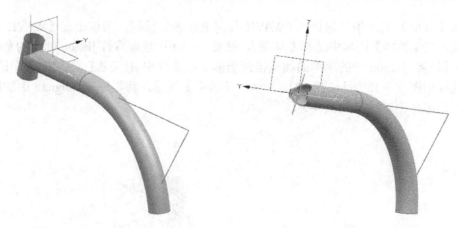

图 4-3-19　创建【管道】特征　　　　　图 4-3-20　【修剪体】操作结果

（7）单击【特征】工具条中的 □（基准平面）按钮，如图 4-3-21 所示选取 XZ 平面为参考平面，选取前立管轴线为旋转轴，创建一个与 XZ 平面垂直的平面。接着，将以该平面为参考平面，偏置 10mm 再创建一个基准面，两平面如图 4-3-22 所示。

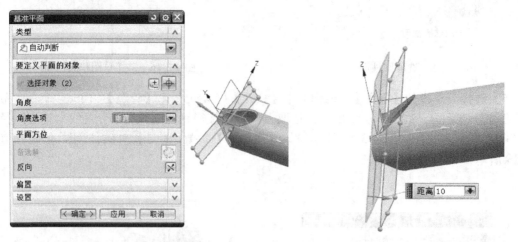

图 4-3-21　创建基准平面　　　　　　　图 4-3-22　偏置基准平面

（8）在【特征】工具条中选择 （修剪体）按钮，系统弹出【修剪体】对话框。选取管道为目标体，选取上一步创建的第二个基准面为刀具体，单击 确定 按钮完成修剪体操作。隐藏两基准面后结果如图 4-3-23 所示。

（9）为使下面的设计更清晰，隐藏 qianliguan 和 youxiangguan 两零件以及零件 jiagou 的基准坐标系，结果如图 4-3-24 所示。

4．车架上管设计

（1）在【装配导航器】中双击 chejia 组件，使其变为工作部件。

（2）选择菜单中的【装配】(Assemblies) |【组件】(Components) |【新建组件】(Create New Component) 命令，或在【装配】工具条中选择 （新建组件）按钮，系统出现【新组件文件】对话框，在【模板】下选择【模型】，在【名称】栏中输入【shangguan】，在【单位】下拉框中选择【毫米】，单击 确定 按钮，创建一个文件名为 shangguan.prt、单位为毫米的文件，并自动启动【新建组件】对话框。单击【确定】按钮按默认设置创建一个不含任何对象的新零件。

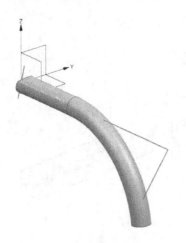 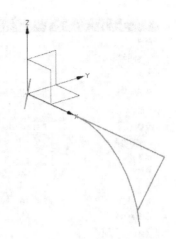

图 4-3-23　油箱管设计　　　　　　　图 4-3-24　隐藏零件和基准坐标系

（3）在【装配导航器】中双击 shangguan 零件，使其变为工作部件。

（4）在【装配】工具条中选择 （WAVE 几何链接器）按钮，系统出现【WAVE 几何链接器】对话框。在【类型】选项中选择【草图】，接着在绘图区选取 jiagou 零件中创建的草图，单击【应用】按钮，将草图曲线链接到当前工作部件中。接着在【类型】选项中选择【基准】，在绘图区选取 jiagou 零件中创建的两个基准面，单击【确定】按钮，将基准面也链接到当前工作部件中。

（5）利用【草图】工具在如图 4-3-25 所示的基准面上绘制矩形，约束矩形中心与基准坐标系原点重合，并按如图 4-3-26 所示添加尺寸约束。

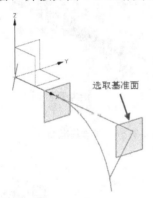 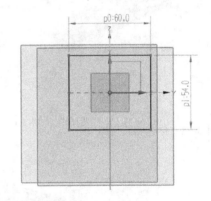

图 4-3-25　选取草图基准面　　　　　　图 4-3-26　添加草图尺寸约束

（6）在【特征】工具条中选择 （拉伸）按钮，将上一步绘制的草图进行拉伸操作，参数设置如图 4-3-27 所示。

（7）在【特征】工具条中选择 （边倒圆）按钮，在上一步创建的长方体棱边上，创建半径为 10mm 的圆角，结果如图 4-3-28 所示。

（8）单击【特征】工具条中的 （基准平面）按钮，选取如图 4-3-29 所示平面为参考平面，设置偏置距离为 70mm，单击 确定 按钮完成基准平面创建。

（9）利用【草图】工具，在上面创建的基准面上绘制如图 4-3-30 所示的草图，并约束草图与基准坐标系原点重合。

（10）在【特征】工具条中选择 （拉伸）按钮，在【设置】选项中，将【体类型】设定为【图纸页】（片体），将上一步绘制的草图拉伸长度为 10mm 的曲面，结果如图 4-3-31 所示。

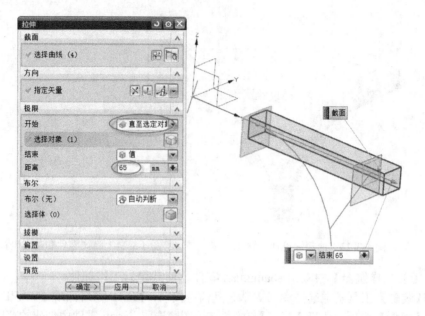

图 4-3-27 拉伸草图操作

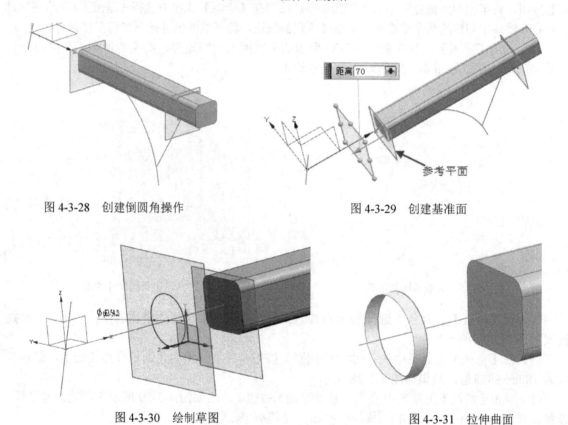

图 4-3-28 创建倒圆角操作　　　　　图 4-3-29 创建基准面

图 4-3-30 绘制草图　　　　　图 4-3-31 拉伸曲面

（11）在【曲线】工具条中选择 （抽取曲线）按钮，系统弹出【抽取曲线】对话框，如图 4-3-32 所示。选取【边曲线】选项，系统又弹出【单边曲线】对话框，如图 4-3-33 所示。在绘图区选取如图 4-3-34 所示实体的棱边，在【单边曲线】对话框中，单击【确定】按钮完成操作，抽取的曲线如图 4-3-35 所示。

图 4-3-32 【抽取曲线】对话框

图 4-3-33 【单边曲线】对话框

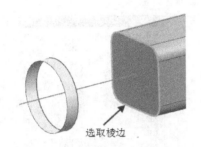

图 4-3-34 选取实体棱边

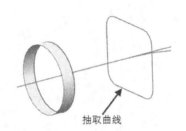

图 4-3-35 抽取曲线

（12）在【编辑曲线】工具条中选择 ∫（分割曲线）按钮，系统弹出【分割曲线】对话框，如图 4-3-36 所示设置各选项。在绘图区选取如图 4-3-37 所示的曲线为要分割的曲线，单击【确定】按钮完成曲线的分割操作。

图 4-3-36 【分割曲线】对话框

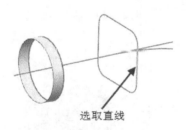

图 4-3-37 选取分割曲线

提示：该步骤分割曲线的目的，是使抽取曲线的连接点与图 4-3-30 中草图对应，以便在【通过曲线组】操作中，使两截面曲线的起始点一致。

（13）在【特征】工具条中选择 （抽取体）按钮，系统弹出【抽取体】对话框，如图 4-3-38 所示设置各选项。在绘图区选取如图 4-3-39 所示的实体面为要抽取的面，单击【确定】按钮完成曲面的抽取操作，结果如图 4-3-40 所示。

（14）在【曲面】工具条中选择 （通过曲线组）按钮，系统弹出【通过曲线组】对话框，如图 4-3-41 所示设置各选项。如图 4-3-42 所示，在图形区选取截面和相切面，单击【确定】按钮完成操作，结果如图 4-3-43 所示。

注意：两截面曲线的起始方向必须相同；【设置】选项中的【保留形状】取消选中后，【对齐】选项才可以选取【圆弧长】。

图 4-3-38 【抽取体】对话框

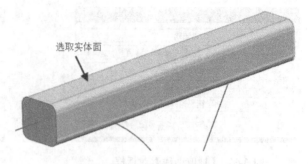

图 4-3-39 选取要抽取的面

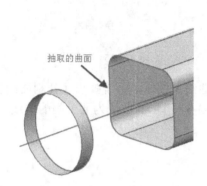

图 4-3-40 抽取的曲面

图 4-3-41 【通过曲线组】对话框

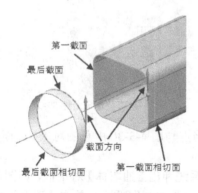

图 4-3-42 选取截面和曲面

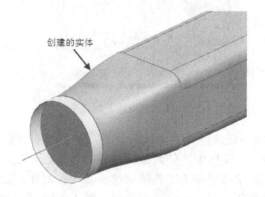

图 4-3-43 创建的实体

(15) 在【特征操作】工具条中选择 ![] (求和) 按钮,将上一步创建的实体,与前面通过拉伸创建的实体求和。

(16) 利用【草图】工具,在实体顶面上绘制如图 4-3-44 所示草图。

(17) 在【特征】工具条中选择 ![] (拉伸) 按钮,将上一步创建的草图向上拉伸 6mm,设置【拔模】角度为 20°,并与原实体求和,结果如图 4-3-45 所示。

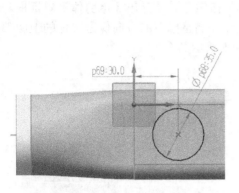
图 4-3-44 绘制草图曲线

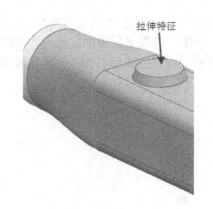
图 4-3-45 创建拉伸特征

(18) 在【特征操作】工具条中选择 (边倒圆) 按钮,将上一步创建的圆台上下棱边倒半径为 3mm 的圆角,结果如图 4-3-46 所示。

(19) 单击【特征】工具条中的 (基准平面) 按钮,选取实体顶面为参考平面,向下偏置 40mm 创建基准平面,结果如图 4-3-47 所示。

图 4-3-46 创建【边倒圆】操作

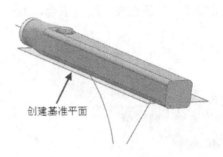
图 4-3-47 创建基准平面

(20) 在【特征】工具条中选择 (修剪体) 按钮,系统弹出【修剪体】对话框。选取实体为目标体,选取上一步创建的基准面为刀具体,调整修剪的方向保留实体的上面部分,单击 确定 按钮完成修剪体操作。结果如图 4-3-48 所示。

(21) 在【特征】工具条中选择 (拉伸) 按钮,将上一步修剪后的实体下表面向下拉伸 30mm 并与原实体求和,结果如图 4-3-49 所示。

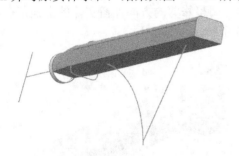
图 4-3-48 完成修剪体操作

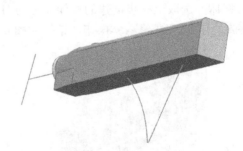
图 4-3-49 创建拉伸特征

(22) 继续创建拉伸特征。将油箱管的轴线沿着 Y 轴方向对称拉伸 40mm,使其两侧超过实体的大小,如图 4-3-50 所示。

（23）在【特征】工具条中选择 □（修剪体）按钮，系统弹出【修剪体】对话框。选取实体为目标体，选取上一步创建的拉伸曲面为刀具体，调整修剪的方向保留实体的上面部分，单击 确定 按钮完成修剪体操作。结果如图 4-3-51 所示。

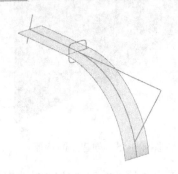
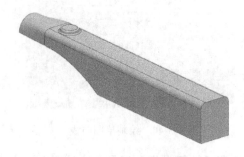

图 4-3-50　拉伸曲面　　　　　　　　　图 4-3-51　完成修剪体操作

（24）单击【特征】工具条中的 □（基准平面）按钮，选取棱边和点创建基准平面，如图 4-3-52 所示。

（25）利用【草图】工具，在 XZ 基准面上绘制如图 4-3-53 所示的草图曲线。分别约束两直线与基准面共线，两条直线一端点重合，另一端点超出实体范围即可。

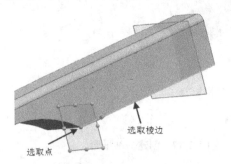
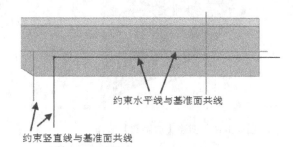

图 4-3-52　创建基准平面　　　　　　　图 4-3-53　绘制草图曲线

（26）在【特征】工具条中选择 □（拉伸）按钮，将草图曲线沿着 Y 轴方向对称拉伸 40mm，使其两侧超过实体的大小，如图 4-3-54 所示。

（27）在【特征】工具条中选择 □（修剪体）按钮，系统弹出【修剪体】对话框。选取实体为目标体，选取上一步创建的拉伸曲面为刀具体，调整修剪的方向保留实体的上面部分，单击 确定 按钮完成修剪体操作。结果如图 4-3-55 所示。

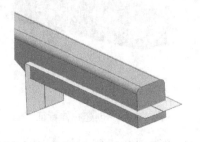
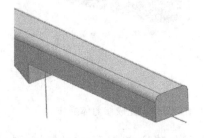

图 4-3-54　拉伸曲面　　　　　　　　　图 4-3-55　修剪实体

(28) 在【特征】工具条中选择 ■（边倒圆）按钮，在实体上按图 4-3-56 所示，倒半径分别为 10mm 和 70mm 的圆角。

(29) 在【特征】工具条中选择 ■（抽壳）按钮，选取实体的两个端面和底面为【要穿透的面】，设置【厚度】为 2mm，如图 4-3-57 所示。

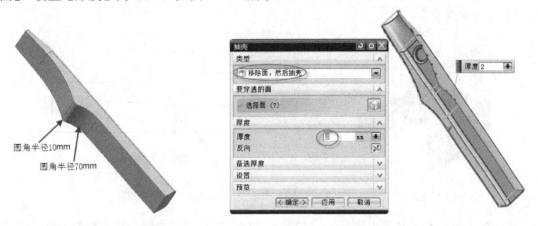

图 4-3-56　创建【边倒圆】操作　　　　　　　图 4-3-57　创建【抽壳】操作

(30) 单击【特征】工具条中的 □（基准平面）按钮，选取实体顶面为参考平面，向下偏置 15mm 创建基准平面，如图 4-3-58 所示。继续创建基准平面。如图 4-3-59 所示选取参考平面，向右偏置 15mm 再创建一个基准平面。

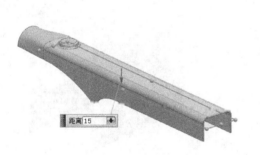 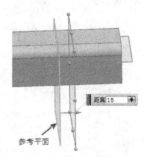

图 4-3-58　创建基准面 1　　　　　　　　　图 4-3-59　创建基准面 2

(31) 利用【草图】工具在 XZ 基准面上绘制如图 4-3-60 所示的草图曲线。分别约束两直线与基准面共线，两条直线一端点重合，另一端点超出实体范围即可。

(32) 在【特征】工具条中选择 ■（拉伸）按钮，将草图曲线沿着 Y 轴方向对称拉伸 40mm，使其两侧超过实体的大小，如图 4-3-61 所示。

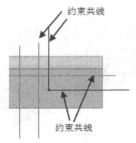 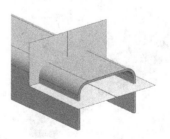

图 4-3-60　绘制草图曲线　　　　　　　　　图 4-3-61　拉伸曲面

（33）在【特征】工具条中选择 （修剪体）按钮，系统弹出【修剪体】对话框。选取实体为目标体，选取上一步创建的拉伸曲面为刀具体，调整修剪的方向，并保留实体的下面部分，单击 确定 按钮完成修剪体操作。结果如图 4-3-62 所示。

（34）利用【草图】工具，在 XZ 基准面上绘制如图 4-3-63 所示的草图，约束圆心与零件 jiagou 草图中的直线端点重合。

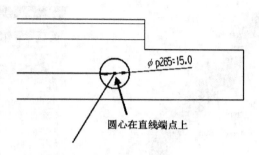

图 4-3-62　修剪实体　　　　　　　　　图 4-3-63　绘制草图

（35）在【特征】工具条中选择 （拉伸）按钮，选取草图曲线为拉伸截面，参数设置如图 4-3-64 所示，结果如图 4-3-65 所示。

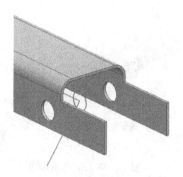

图 4-3-64　【拉伸】参数设置　　　　　图 4-3-65　创建【拉伸】特征

（36）在【特征】工具条中选择 （孔）按钮，在凸台上创建一个直径为 10mm 的通孔，中心与凸台的中心重合，如图 4-3-66 所示。

（37）车架上管完成后如图 4-3-67 所示。

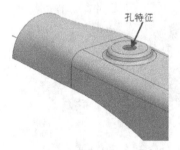
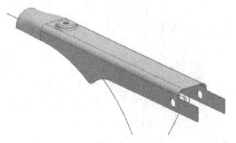

图 4-3-66　创建孔特征　　　　　　　　图 4-3-67　车架上管零件

5. 车架连接轴设计

（1）在【装配导航器】中双击 chejia 组件，使其变为工作部件。

（2）选择菜单中的【装配】（Assemblies）|【组件】（Components）|【新建组件】（Create New Component）命令，或在【装配】工具条中选择 （新建组件）按钮，系统出现【新组件文件】对话框，在【模板】下选择【模型】，在【名称】栏中输入【lianjiezhou】，在【单位】下拉框中选择【毫米】，单击 确定 按钮，创建一个文件名为 lianjiezhou.prt、单位为毫米的文件，并自动启动【新建组件】对话框。单击【确定】按钮，按默认设置创建一个不含任何对象的新零件。

（3）在【装配导航器】中双击 lianjiezhou 零件，使其变为工作部件。

（4）在【装配】工具条中选择 （WAVE 几何链接器）按钮，系统出现【WAVE 几何链接器】对话框。在【类型】选项中选择【草图】，接着在绘图区选取零件 jiagou 的草图和图 4-3-63 中绘制的草图圆，单击【确定】按钮将两个草图曲线链接到当前工作部件中，如图 4-3-68 所示。

（5）在【特征】工具条中选择 （拉伸）按钮，将草图曲线圆沿着 Y 轴方向对称拉伸 55mm，如图 4-3-69 所示，完成车架连接轴设计。

图 4-3-68　链接草图曲线

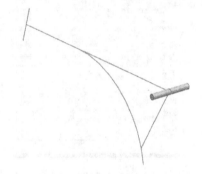
图 4-3-69　拉伸实体特征

6. 车架后支管设计

（1）在【装配导航器】中双击 chejia 组件，使其变为工作部件。

（2）选择菜单中的【装配】（Assemblies）|【组件】（Components）|【新建组件】（Create New Component）命令，或在【装配】工具条中选择 （新建组件）按钮，系统出现【新组件文件】对话框，在【模板】下选择【模型】，在【名称】栏中输入【houzhiguan】，在【单位】下拉框中选择【毫米】，单击 确定 按钮，创建一个文件名为 houzhiguan.prt、单位为毫米的文件，并自动启动【新建组件】对话框。单击【确定】按钮，按默认设置创建一个不含任何对象的新零件。

（3）在【装配导航器】中双击 houzhiguan 零件，使其变为工作部件。

（4）在【装配】工具条中选择 （WAVE 几何链接器）按钮，系统出现【WAVE 几何链接器】对话框。在【类型】选项中选择【草图】，接着在绘图区选取零件 jiagou 的草图，单击【应用】按钮，将零件 jiagou 中的草图曲线链接到当前工作部件中。接着在【类型】选项中选择【面】，接着在绘图区选取如图 4-3-70 所示油箱管和连接轴的圆柱面，单击【确定】按钮，将两零件圆柱面链接到当前工作部件中。

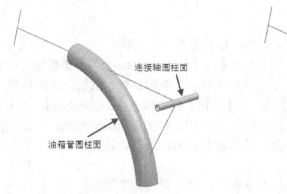
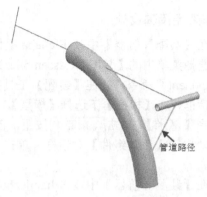

图 4-3-70　链接草图和圆柱面　　　　　图 4-3-71　选取管道路径

(5) 选择菜单中的【插入】(Insert)|【扫掠】(Sweep)|【管道】(Tube) 命令，系统弹出【管道】对话框，如图 4-3-71 所示选取上一步链接得到的草图直线为管道路径，并按照如图 4-3-72 所示设置【横截面】参数，单击 确定 按钮，创建管道如图 4-3-73 所示。

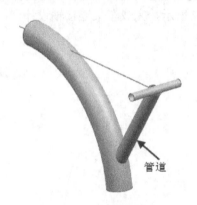

图 4-3-72　设置管道参数　　　　　　　图 4-3-73　创建管道特征

(6) 在【特征】工具条中选择 (修剪体) 按钮，系统弹出【修剪体】对话框。选取管道为目标体，选取油箱管圆柱面为刀具体，调整修剪方向保留管道外面部分，单击 应用 按钮，完成修剪体操作。继续进行修剪体操作，选取管道为目标体，选取连接轴圆柱面为刀具体，调整修剪方向，并保留管道外面部分，单击 确定 按钮，完成修剪体操作。

(7) 完成后的车架后支管如图 4-3-74 所示。

(8) 全部完成后的摩托车车架装配设计如图 4-3-75 所示。

图 4-3-74　后支管零件　　　　　　　　图 4-3-75　摩托车车架

拓展练习题

根据如图 4-ex-1 所示爆炸图和素材文件，使用自底向上的装配方法，完成机床工作台的装配设计。

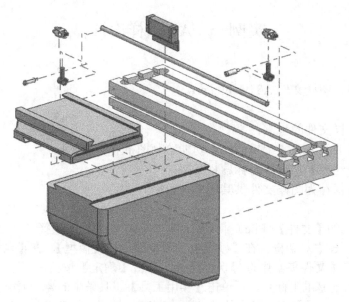

图 4-ex-1　机床工作台"爆炸"图

第五章　工程图设计

实例一　A3 图样设计

【学习任务】
　　制作"国标 A3"图样文件 A3_yangtu.prt。

【学习目标】
　　① 掌握制作图样文件的步骤；
　　② 能够使用【曲线】和【编辑曲线】功能绘制图框和标题栏；
　　③ 能够使用【注释】功能填写标题栏文字；
　　④ 能够将文件保存为图样文件供其他部件引用。

【操作步骤】
　　(1) 选择菜单中的【文件】(File)｜【新建】(New) 命令，或选择 （创建一个新的文件）按钮，系统出现【新建】对话框，在【模板】选项卡中选择【模型】，在【名称】文本框中输入"A3_yangtu.prt"，在【文件夹】中选择保存路径，单击【确定】按钮。

　　(2) 选择绘图区的基准坐标系，再单击【实用工具】工具条中的 （隐藏）按钮，将基准坐标系隐藏；单击【实用工具】工具条中的 （显示 WCS）按钮，将 WCS（工作坐标系）隐藏。

　　提示：该步骤是将绘图区可见的基准坐标系和工作坐标系隐藏，如系统默认两者均不可见，则该步骤可省略。

　　(3) 单击 开始·（开始）按钮，选择【制图】选项，启动【制图】模块，出现【图纸页】对话框，在【大小】选项组中的【大小】选项中，选中【标准尺寸】单选按钮，在【大小】选项下拉菜单中选择【A3-297x420】，在【设置】组中的【投影】选项中，选中【第一象限角投影】，取消选中【自动启动基本视图命令】选项，其他选项取默认设置，如图 5-1-1 所示，单击【确定】按钮。

　　(4) 选择下拉菜单【首选项】(Preference)｜【可视化】(Visualization) 命令，弹出如图 5-1-2 所示【可视化首选项】对话框，在【颜色线型】选项卡中选中【单色显示】按钮，单击【背景】颜色设置选项，在弹出如图 5-1-3 所示的【颜色】对话框中，选择【颜色 1】（颜色 1 为白色：红 R，绿 G，蓝 U 值均为 255），单击【确定】按钮完成背景颜色设置。

　　(5) 单击【曲线】工具条上的 （矩形）按钮，系统出现如图 5-1-4 所示【点】对话框在【坐标】选项组中，分别输入矩形顶点坐标（0，0）和（420，297），绘制如图 5-1-5 所示矩形图纸边界线。

　　(6) 再次单击【曲线】工具条上的 （矩形）按钮，分别在【点】对话框【坐标】选项组中输入矩形顶点坐标（25，5）和（415，292），绘制如图 5-1-6 所示图框线。

　　(7) 单击【曲线】工具条上的 （偏置曲线）按钮，系统出现如图 5-1-7 所示【偏置曲线】对话框；根据提示在图形中选取图 5-1-8 所示的要偏置的曲线，然后在【指定点】区域选择 （自动判断的点）按钮，在图形中所选曲线的左侧任意选择一点，图中出现偏置方向箭头，再单击 （反向）按钮使箭头指向左侧，如图 5-1-8 所示；在【距离】文本框中输入 180，取消【关联】选项，在【输入曲线】下拉列表中选择【保持】；最后单击【确定】按钮，完成偏置线，如图 5-1-9 所示。

第五章 工程图设计

图 5-1-1 【图纸页】对话框

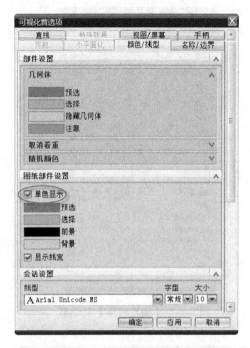

图 5-1-2 【可视化首选项】对话框

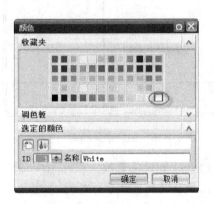

图 5-1-3 【颜色】对话框

图 5-1-4 【点】对话框

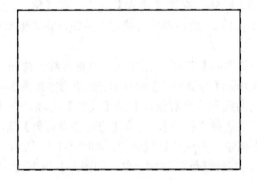

图 5-1-5 绘制图纸边界线

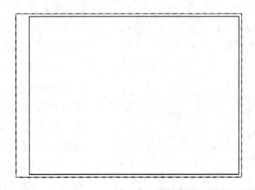

图 5-1-6 绘制图框线

图 5-1-7 【偏置曲线】对话框

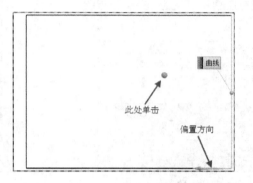

图 5-1-8 选取曲线和指定点

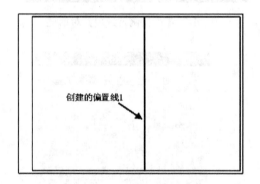

图 5-1-9 创建偏置线 1

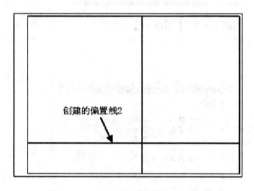

图 5-1-10 创建偏置线 2

（8）按照上述方法继续创建偏置线。在图形中选取下面图框线为要偏置的线，然后在【指定点】区域选择 （自动判断的点）按钮，在图形中所选曲线的上方任意选择一点，图中出现偏置方向箭头，再单击 （反向）按钮使箭头指向上方；在【距离】文本框中输入56，取消【关联】选项，在【输入曲线】下拉列表中选择【保持】；最后单击【确定】按钮，完成偏置线，如图 5-1-10 所示。

（9）单击【编辑曲线】工具条上的 （修剪曲线）按钮，系统出现如图 5-1-11 所示【修剪曲线】对话框；在图形中按图 5-1-12 所示选取要修剪的曲线和边界对象，取消【关联】选项，在【输入曲线】下拉列表中选择【删除】，勾选【修剪边界对象】选项，最后单击【确定】按钮，完成边界线修剪，如图 5-1-13 所示。

图 5-1-11 【修剪曲线】对话框

（10）按照上述方法继续创建偏置线。如图 5-1-14 所示依次选取要偏置的线，并在【距离】文本框中输入对应的距离值，完成偏置线。

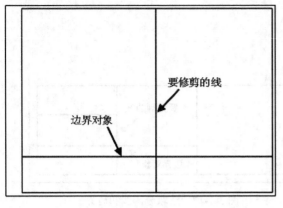   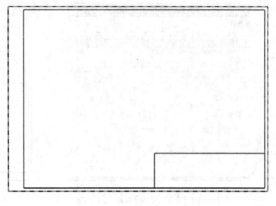

图 5-1-12　选取要修剪的线和边界对象　　　　图 5-1-13　修剪后的边界线

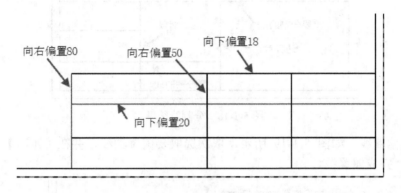

图 5-1-14　创建偏置线 3

（11）单击【编辑曲线】工具条上的 ┐（修剪曲线）按钮，按上述方法修剪不要的线，结果如图 5-1-15 所示。

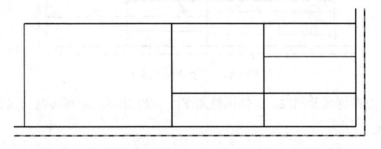

图 5-1-15　修剪标题栏线

（12）单击【编辑曲线】工具条上的 ∫（分割曲线）按钮，系统出现如图 5-1-16 所示【分割曲线】对话框，在【类型】下拉列表框中选取【按边界对象】，在【边界对象】区域【对象】下拉列表框中选取【现有曲线】；再根据提示在图形中选取图 5-1-17 所示的要分割的线，然后在【边界对象】区域选择∫（曲线）按钮，在图形中选取分割线为边界对象，最后单击【应用】按钮，完成分割线。

（13）同上，继续分割线。分别按照如图 5-1-18 所示选取要分割的线和边界对象，将竖直线和水平线分成两段。

图 5-1-16 【分割曲线】对话框

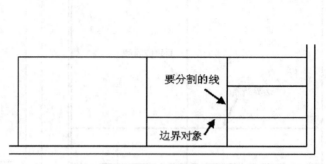

图 5-1-17 选取分割线和边界

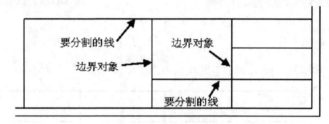

图 5-1-18 分割线结果

（14）创建偏置线。如图 5-1-19 所示，依次选取要偏置的线，并在【距离】文本框中输入对应的距离值，完成偏置线。

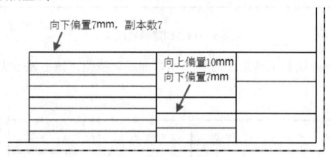

图 5-1-19 创建偏置线 4

（15）同上，继续创建分割线。分别按照如图 5-1-20 所示选取要分割的线和边界对象，将竖直线分成两段。

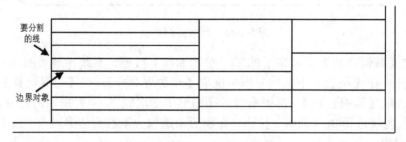

图 5-1-20 分割线和边界对象

（16）继续创建偏置线。如图 5-1-21 所示依次选取要偏置的曲线并在【距离】文本框中输入对应的距离值，完成偏置线。

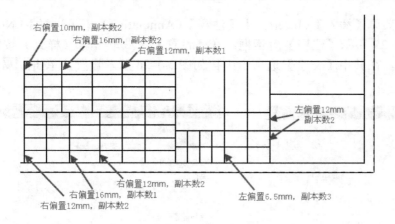

图 5-1-21　创建偏置线 5

（17）单击【编辑曲线】工具条上的 ⟶（修剪曲线）按钮，按上述方法修剪不要的线，结果如图 5-1-22 所示。

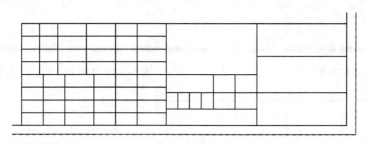

图 5-1-22　修剪线的结果

（18）选中标题栏框内部全部曲线，单击鼠标右键，选择【编辑显示】命令，出现【编辑对象显示】对话框，如图 5-1-23 所示；在【常规】选项卡【基本】组中的【宽度】下拉列表中选择【细线宽度】，单击【确定】按钮，结果如图 5-1-24 所示。

图 5-1-23　【编辑对象显示】对话框

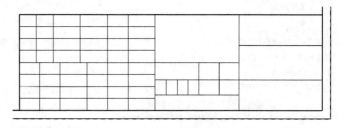

图 5-1-24　更改线段宽度

（19）选择菜单【插入】(Insert) |【注释】(Annotation) |【注释】(Note) 命令，系统出现如图 5-1-25 所示【注释】对话框；在【设置】区域单击 （样式）按钮，系统出现【样式】对话框，在其中【文字】选项卡中按如图 5-1-26 所示设置，单击 确定 按钮完成文字样式设置。

图 5-1-25 【注释】对话框

图 5-1-26 【样式】对话框设置

图 5-1-27 插入标题栏文本

图 5-1-28 【保存选项】对话框

（20）依次在【样式】对话框中的【文本输入】区域输入相应的文本，移动光标拖动文本，并在对应的标题栏上单击，即可完成添加文本操作，结果如图 5-1-27 所示。

（21）选择菜单【文件】(File) |【选项】(Options) |【保存选项】(Save Options) 命令，系统出现如图 5-1-28 所示【保存选项】对话框。在该对话框中选择【仅图样数据】单选项，单击 确定 按钮。

（22）选择菜单【文件】(File) |【保存】(Save) 命令，当前文件就以图样方式存储。这样就创建了一个可供其他部件引用的模型图样文件。

实例二 支架零件图设计

【学习任务】

完成支架的工程图绘制，如图 5-2-1 所示。

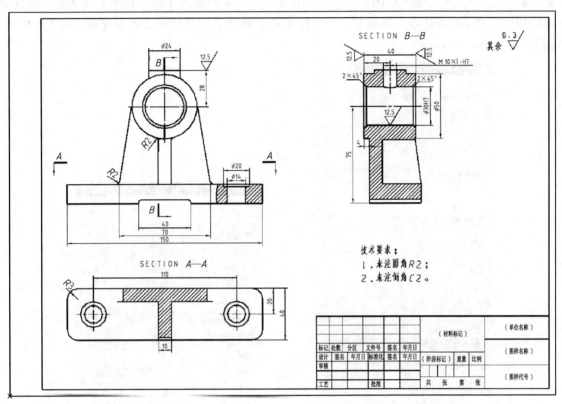

图 5-2-1 支架工程图

【学习目标】

① 能够使用 UG NX 8.0 制图模块创建基本视图、剖视图、局部剖视图；
② 能够使用 UG NX 8.0 制图模块标注尺寸、公差符号、表面粗糙度符号和注释；
③ 掌握调用图框图样文件的方法。

【操作步骤】

1．打开工程图模型

打开素材提供的部件文件 zhijia.prt，如图 5-2-2 所示。

2．进入【制图】应用模块

单击窗口标准工具栏中【开始】（Start）菜单，在下拉菜单中选择【制图】（Drafting）选项，进入了制图应用模块。

3．图纸的创建

进入制图模块后，在【图纸】工具条中单击【新建图纸页】按钮，系统弹出如图 5-2-3 所示【图纸页】对话框，自动新

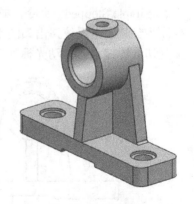

图 5-2-2 支架部件

建一张图纸，并将图名默认为 Sheet1。按照图 5-2-3 所示设置图纸参数，单击 确定 按钮完成图纸的创建，绘图区出现以矩形虚线框表示的图纸。

4．创建基本视图

选择主菜单中的【插入】（Insert）|【视图】（View）|【基本】（Base）命令，或在【图纸】工具条上单击 （基本视图）按钮，弹出如图 5-2-4 所示的【基本视图】对话框，在【要使用的模型视图】下拉选项中选取【前视图】，拖动光标到合适位置单击鼠标左键，放置主视图，如图 5-2-5 所示。

图 5-2-3 【图纸页】对话框

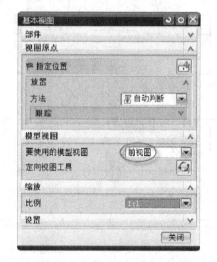

图 5-2-4 【基本视图】对话框

5．创建剖视图

选择主菜单中的【插入】（Insert）|【视图】（View）|【截面】（Section）|【简单/阶梯剖】（Simple/Stepped）命令，或在【图纸】工具条上单击 （剖视图）按钮，在绘图区选取主视图为父视图，系统弹出如图 5-2-6 所示的【剖视图】工具条。如图 5-2-7 所示，在主视图中定义剖切线通过点，拖动光标到合适位置，单击鼠标左键放置剖视图，结果如图 5-2-8 所示。

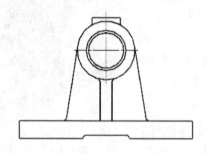

图 5-2-5 创建主视图

图 5-2-6 【剖视图】工具条

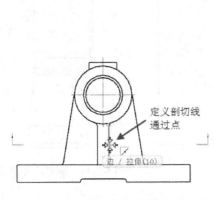
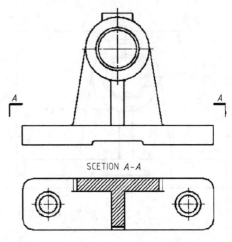

图 5-2-7　定义剖切线通过点　　　　图 5-2-8　创建剖视图

6. 创建阶梯剖视图

选择主菜单中的【插入】(Insert)｜【视图】(View)｜【截面】(Section)｜【简单/阶梯剖】(Simple/Stepped)命令，或在【图纸】工具条上单击 （剖视图）按钮，在绘图区选取主视图为父视图，系统弹出【剖视图】工具条。如图 5-2-9 所示在主视图中定义第一个剖切线通过点，接着如图 5-2-10 所示在【剖视图】工具条中单击【添加段】按钮，按照如图 5-2-11 所示定义第二个剖切点。

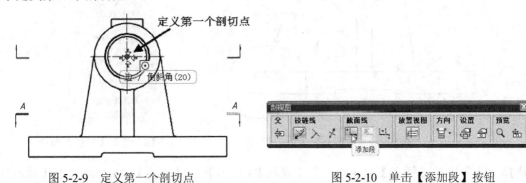

图 5-2-9　定义第一个剖切点　　　　图 5-2-10　单击【添加段】按钮

最后如图 5-2-12 所示在【剖视图】工具条中单击【放置视图】按钮，如图 5-2-13 所示，拖动光标到合适位置，单击鼠标左键放置阶梯剖视图，结果如图 5-2-14 所示。

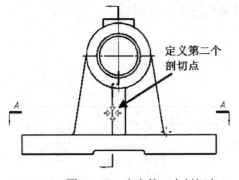

图 5-2-11　定义第二个剖切点　　　　图 5-2-12　选择【放置视图】按钮

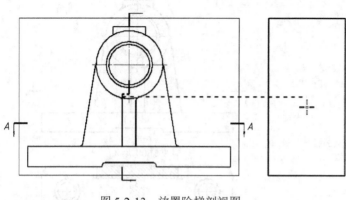 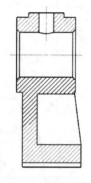

图 5-2-13　放置阶梯剖视图　　　　　图 5-2-14　创建阶梯剖视图

7．创建局部剖视图

在主视图边缘处单击右键，在系统弹出的快捷菜单中选择【扩展】命令，进入视图相关的编辑状态。使用样条曲线命令绘制如图 5-2-15 所示的剖切边界。在绘图区单击右键，在系统弹出的快捷菜单中，再次选择【扩展】命令，如图 5-2-16 所示，取消视图相关的编辑状态。

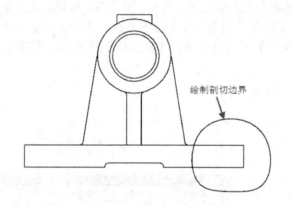 

图 5-2-15　绘制剖切边界　　　　　图 5-2-16　选取【扩展】命令

选择主菜单中的【插入】（Insert）|【视图】（View）|【截面】（Section）|【局部剖】（Break-out）命令，或在【图纸】工具条上单击 （局部剖视图）按钮，系统弹出【局部剖】对话框，如图 5-2-17 所示。在绘图区首先选取主视图，如图 5-2-18 所示，选取剖切基点，接受如图 5-2-19 所示系统默认的剖切方向，最后选取上一步绘制的样条曲线，在【局部剖】对话框中，点击 应用 按钮完成局部剖视图的创建，结果如图 5-2-20 所示。

 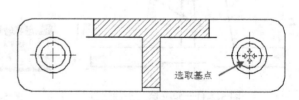

图 5-2-17　【局部剖】对话框　　　　　图 5-2-18　选取剖切基点

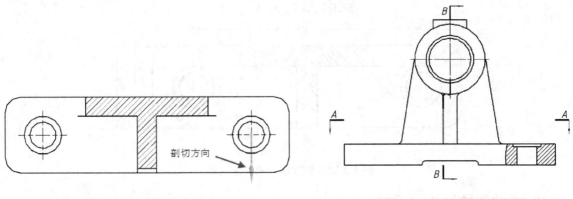

图 5-2-19　剖切方向　　　　　　　图 5-2-20　创建局部剖视图

8. 标注主视图尺寸

选择主菜单中的【插入】（Insert）|【尺寸】（Dimension）|【水平】（Horizontal）、【竖直】（Vertical）、【圆柱】（Cylindrical）、【半径】（Radius）等命令，或单击【尺寸】工具栏中的相应按钮，利用点捕捉功能，对主视图进行标注，如图 5-2-21 所示。

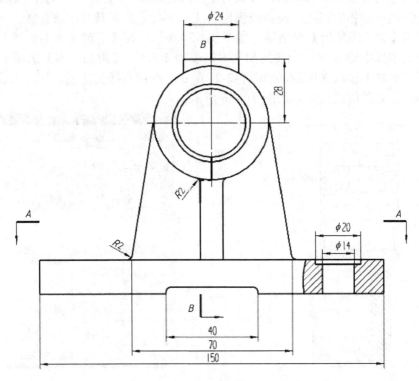

图 5-2-21　标注主视图尺寸

9. 标注剖视图 A—A 尺寸

选择主菜单中的【插入】（Insert）|【尺寸】（Dimension）|【水平】（Horizontal）、【竖直】（Vertical）、【半径】（Radius）等命令，或单击【尺寸】工具栏中的相应按钮，利用点捕捉功能，对剖视图 A—A 进行标注，如图 5-2-22 所示。

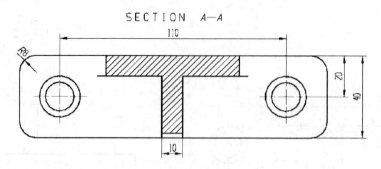

图 5-2-22 标注剖视图 A-A 尺寸

10．标注剖视图 B—B 尺寸

选择主菜单中的【插入】(Insert)|【尺寸】(Dimension)|【水平】(Horizontal)、【竖直】(Vertical)、【圆柱】(Cylindrical)等命令，或单击【尺寸】工具栏中的相应按钮，利用点捕捉功能，对剖视图 B—B 进行标注，如图 5-2-23 所示。

11．标注公差尺寸

选择主菜单中的【插入】(Insert)|【尺寸】(Dimension)|【水平】(Horizontal)命令或单击【尺寸】工具栏中的相应按钮，在系统弹出的【水平尺寸】工具栏中选择 A（文本编辑器）按钮，系统弹出【文本编辑器】对话框。如图 5-2-24 所示，在【附加文本】选项下选取 （之前）按钮，在文本框中输入 M，设置附加文本高度为 1.5，在【附加文本】选项下选取 （之后）按钮，在文本框中输入 X1-H7，如图 5-2-25 所示，利用点捕捉功能，标注带公差的螺纹尺寸。同理，标注带公差的孔尺寸，如图 5-2-26 所示。

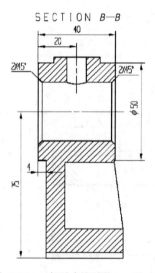

图 5-2-23 标注剖视图 B-B 尺寸

图 5-2-24 【文本编辑器】对话框

12．标注表面粗糙度

选择主菜单中的【插入】(Insert)|【注释】(Annotation)|【表面粗糙度符号】(Surface Finish Symbol)，系统弹出【表面粗糙度符号】对话框，如图 5-2-27 所示。依次选择表面粗糙度符号、输入表面粗糙度值、选择表面粗糙度符号创建位置，接着在图中选取相应的轮廓线或尺寸线就可以进行粗糙度的标注，全部标注后如图 5-2-28 所示。

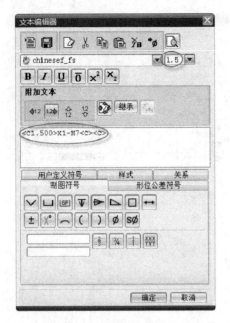

图 5-2-25 尺寸后附加文本的设置

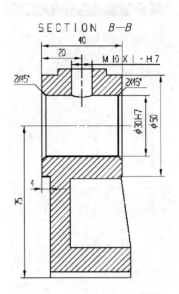

图 5-2-26 标注带公差尺寸

图 5-2-27 【表面粗糙度】对话框

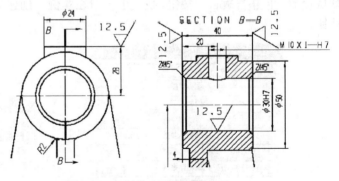

图 5-2-28 标注表面粗糙度符号

13．添加注释

选择主菜单中的【插入】(Insert) |【注释】(Annotation) |【注释】(Note) 或单击【注释】工具栏中的 A（注释）按钮，系统弹出如图 5-2-29 所示【注释】对话框，单击【设置】选项下的（样式）按钮，系统又弹出如图 5-2-30 所示【样式】对话框，并按图示设置，单击 确定 按钮回到【注释】对话框，在【文本输入】下面的文本框中，输入相应的注释内容，在图纸区适当位置单击，即可添加注释。

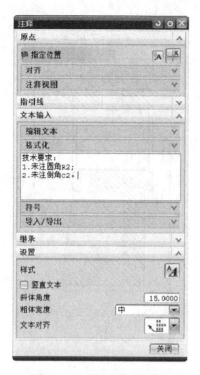

图 5-2-29 【注释】对话框　　　　图 5-2-30 【样式】对话框

14．插入图框

选择主菜单中的【格式】(Format)|【图样】(Pattern)命令，弹出【图样】对话框，如图 5-2-31 所示。单击【调用图样】按钮，弹出【调用图样】对话框，如图 5-2-32 所示。接受系统默认设置，单击 确定 按钮。找出上一节在实例一创建的"A3_yangtu.prt"文件，单击 OK 按钮。

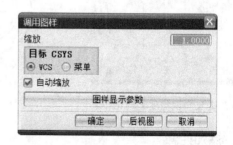

图 5-2-31 【图样】对话框　　　　图 5-2-32 【调用图样】对话框

使用系统默认的图样名，单击 确定 按钮，系统弹出【点】对话框，设定基点坐标为 (0, 0)，单击 确定 按钮，A3 标准图框被插入到工程图中，结果如图 5-2-1 所示。

15．保存文件

选择【文件】(File) |【保存】(Save) 命令，保存文件。

实例三 蜗轮轴零件图设计

【学习任务】

完成蜗轮轴的工程图绘制，如图 5-3-1 所示。

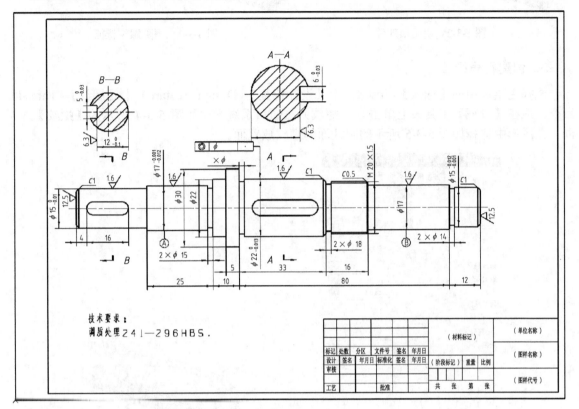

图 5-3-1 蜗轮轴工程图

【学习目标】

① 能够使用 UG NX 8.0 制图模块创建常用视图；
② 能够使用 UG NX 8.0 制图模块标注尺寸、形位公差、表面粗糙度和注释；
③ 能够使用 UG NX 8.0 制图模块编辑视图；
④ 掌握调用图框图样文件的方法。

【操作步骤】

1. 打开工程图模型

打开素材提供的部件文件 wlz.prt，如图 5-3-2 所示。

2. 删除螺纹特征

在资源条中单击 （部件导航器）按钮，打开【部件导航器】窗口，在【模型历史记录】节点下面右击【螺纹】特征，在弹出的快捷菜单中选择【删除】命令，删除螺纹特征，结果如图 5-3-3 所示。

提示：UG 创建螺纹特征的方式有两种，即【符号螺纹】和【详细螺纹】。在素材提供的蜗轮轴中使用的是【详细螺纹】，详细螺纹看起来更真实，但由此创建的工程图与国标不符，因此将其删除，另外创建【符号螺纹】。

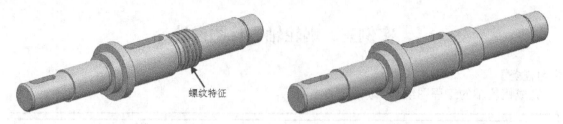

图 5-3-2 蜗轮轴部件　　　　　　　　　图 5-3-3 删除螺纹特征

3．创建符号螺纹

选择主菜单中的【插入】（Insert）|【设计特征】（Design Feature）|【螺纹】（Thread）命令，或在【特征】工具条上单击 (螺纹)按钮，系统出现如图 5-3-4 所示的【螺纹】对话框。在图形中选择如图 5-3-5 所示的圆柱面为螺纹放置面。

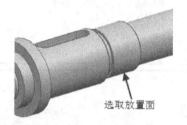

图 5-3-4 【螺纹】对话框　　　　　　　图 5-3-5 选取螺纹放置面

系统出现另一【螺纹】选取框，如图 5-3-6 所示，系统提示选取螺纹的起始面，在图形区选取如图 5-3-7 所示的端面为螺纹起始面。

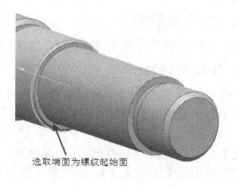

图 5-3-6 【螺纹】选取框　　　　　　　图 5-3-7 选取起始面

系统返回到【螺纹】对话框，如图 5-3-8 所示，系统提示是否修改螺纹轴方向，在【螺纹】对话框中单击 确定 按钮，接受默认的方向。系统返回到如图 5-3-4 所示【螺纹】对话框，按如图 5-3-9 所示设置选项和螺纹参数，单击 确定 按钮完成螺纹特征的创建，如图 5-3-10 所示。

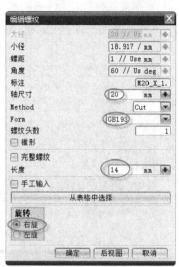

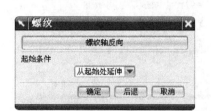

图 5-3-8 【螺纹】对话框　　　　　　　　图 5-3-9 设置螺纹参数

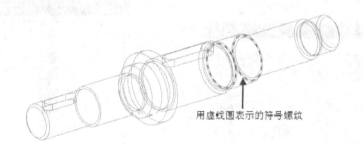

图 5-3-10 创建的符号螺纹

4．进入【制图】应用模块

单击窗口标准工具栏中【开始】（Start）菜单，在下拉菜单中选择【制图】（Drafting）选项，进入了制图应用模块。

5．图纸的创建

进入制图模块后，系统弹出如图 5-3-11 所示【图纸页】对话框，自动新建一张图纸，并将图名默认为 Sheet1。按照图 5-3-11 所示设置图纸参数，单击 确定 按钮完成图纸的创建，绘图区出现以矩形虚线框表示的图纸。

6．创建基本视图

选择主菜单中的【插入】（Insert）|【视图】（View）|【基本】（Base）命令，或在【图纸】工具条上单击 (基本视图)按钮，弹出如图 5-3-12 所示的【基本视图】对话框。

在【基本视图】对话框中选取 (定向视图工具)按钮，系统同时弹出【定向视图工具】对话框和【定向视图】窗口，分别如图 5-3-13 和图 5-3-14 所示。

图 5-3-11 【图纸页】对话框

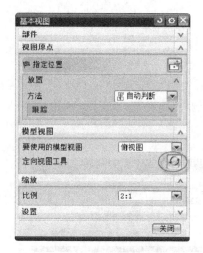

图 5-3-12 【基本视图】对话框

图 5-3-13 【定向视图工具】对话框

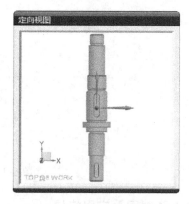

图 5-3-14 【定向视图】窗口

在【定向视图工具】对话框【X 向】选项组中单击 按钮,在弹出的下拉菜单中选择 (YC 轴),单击 确定 按钮完成视图的定向设置,系统返回【基本视图】对话框。在【基本视图】对话框的【要使用的模型视图】下拉列表中选择【俯视图】选项,在绘图区选择合适的位置放置俯视图。单击 关闭 按钮,完成基本视图绘制,如图 5-3-15 所示。

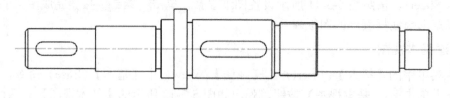

图 5-3-15 创建基本视图

7. 创建断面图

选择主菜单中的【插入】(Insert) |【视图】(View) |【截面】(Section) |【简单/阶梯剖】(Simple/Stepped)命令，或在【图纸】工具条上单击 （剖视图）按钮。选择上一步创建的基本视图为父视图，移动鼠标到如图 5-3-16 所示位置，捕捉轮廓线中点为剖切通过点，再拖动光标到合适位置，单击鼠标左键放置全剖视图，如图 5-3-17 所示。

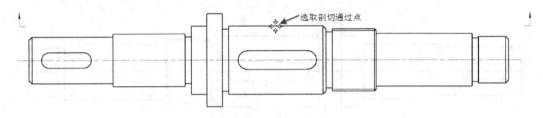

图 5-3-16 选取剖切通过点

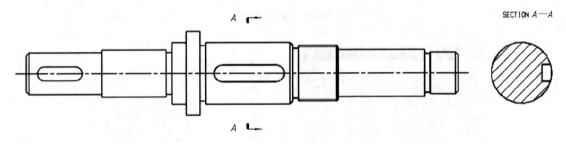

图 5-3-17 创建剖视图

双击剖视图的视图边界，出现【视图样式】对话框，如图 5-3-18 所示。在【截面线】页面中取消勾选【背景】选项，单击【确定】按钮，移动剖视图到适当位置，如图 5-3-19 所示。

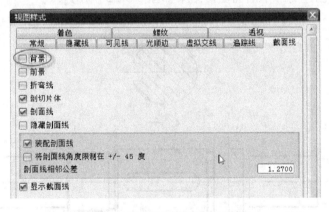

图 5-3-18 【视图样式】对话框

提示：UG NX8.0 没有直接创建断面图的命令，这里使用剖视图命令，再经过技巧处理，使其符合国标移出断面图的要求。

选择主菜单中的【插入】(Insert) |【中心线】(Centerline) |【中心标记】(Center Mask)或单击【注释】工具栏中的 ⊕（中心标记）按钮，系统弹出如图 5-3-20 所示【中心标记】对话框，选中剖视图的圆心，并单击 确定 按钮，完成中心线的绘制，结果如图 5-3-21 所示。

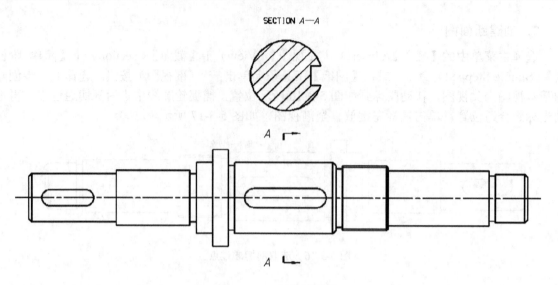

图 5-3-19　创建断面图

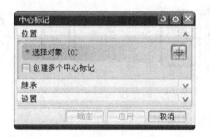

图 5-3-20　【中心标记】对话框

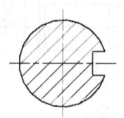

图 5-3-21　绘制中心线

使用同样的方法创建另一个断面图，结果如图 5-3-22 所示。

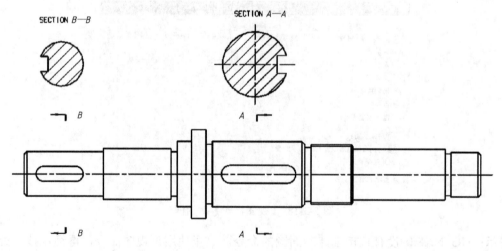

图 5-3-22　创建另一个断面图

8. 编辑工程图显示

选择主菜单中【首选项】（Preference）|【可视化】（Visualization）命令，弹出如图 5-3-23 所示的【可视化首选项】对话框，勾选【单色显示】，并将【图纸部件设置】中的背景选择白色，

前景颜色选择黑色。

选择主菜单中【首选项】(Preference)|【制图】(Drafting)命令，弹出如图 5-3-24 所示的【制图首选项】对话框，在【视图】页面中取消选择【显示边界】，勾选【直线反锯齿】，单击 确定 按钮。

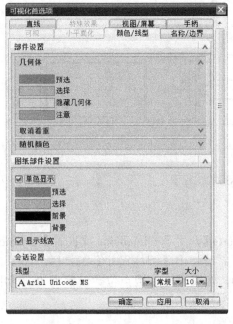

图 5-3-23 【可视化首选项】对话框

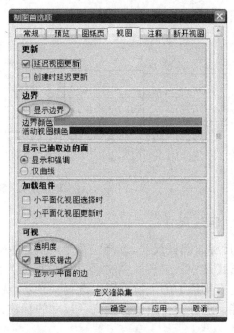

图 5-3-24 【制图首选项】对话框

如图 5-3-25 所示，分别在两断面图的视图标签上右击，在弹出的快捷菜单中选择【编辑视图标签】命令，系统弹出如图 5-3-26 所示的【视图标签样式】对话框，删除前缀名称，单击 确定 按钮。完成以上设置后的效果如图 5-3-27 所示。

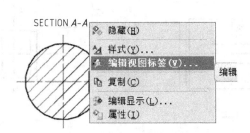

图 5-3-25 选取视图标签

图 5-3-26 【视图标签样式】对话框

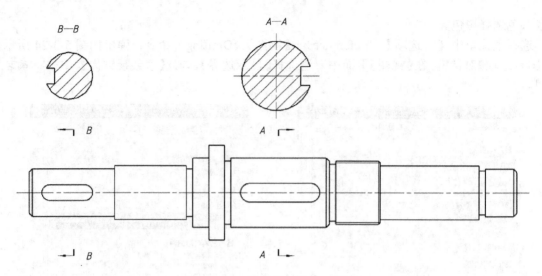

图 5-3-27　编辑显示后的工程图

9．标注尺寸

（1）标注圆柱尺寸。选择主菜单中的【插入】(Insert)|【尺寸】(Dimension)|【圆柱】(Cylindrical)或单击【尺寸】工具栏中的 (圆柱尺寸) 按钮，系统弹出【圆柱尺寸】工具栏，如图 5-3-28 所示。在【值】的下拉列表中选择 1.00 (无公差)，名义尺寸小数点位数设置为 0。利用点捕捉功能，进行无公差要求的直径尺寸的标注，如图 5-3-29 所示。

图 5-3-28　【圆柱尺寸】工具栏

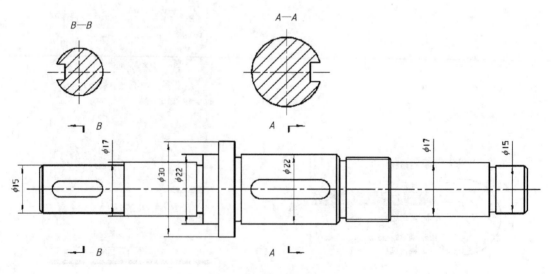

图 5-3-29　标注直径尺寸

（2）标注长度尺寸。选择主菜单中的【插入】(Insert)|【尺寸】(Dimension)|【水平链】(Horizontal Chain) 或单击【尺寸】工具栏中的 🖼 （水平链尺寸）按钮，系统弹出【水平链尺寸】工具栏，在【值】的下拉列表中选择 1.00 ▾（无公差），名义尺寸小数点位数设置为 0。利用点捕捉功能，进行无公差要求的长度尺寸的标注。

选择主菜单中的【插入】(Insert)|【尺寸】(Dimension)|【自动判断】(Inferred) 或单击【尺寸】工具栏中的 🖼 （自动判断）按钮，系统弹出【自动判断的尺寸】工具栏，在【值】的下拉列表中选择 1.00 ▾（无公差），名义尺寸小数点位数设置为 0。利用点捕捉功能，标注其他无公差要求的长度尺寸的标注，如图 5-3-30 所示。

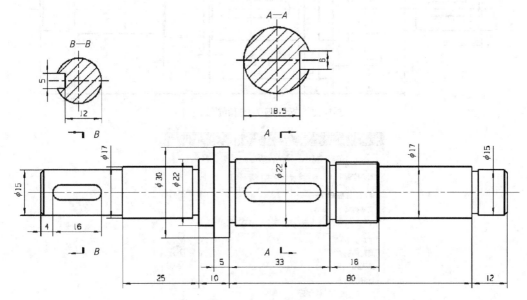

图 5-3-30　标注长度尺寸

（3）标注退刀槽尺寸。在【自动判断的尺寸】工具栏中选择 🅰 （文本编辑器）按钮，系统弹出【文本编辑器】对话框，如图 5-3-31 所示。在【附加文本】选项下选取 🖼（之后）按钮，接着在文本框中输入"×φ15"，利用点捕捉功能标注 2×φ15 的退刀槽。同样标注其他退刀槽和螺纹尺寸，如图 5-3-32 所示。

10．标注尺寸公差

选择蜗轮轴左端 φ15 尺寸，单击鼠标右键，在快捷菜单中选择【编辑】，系统弹出【编辑尺寸】工具栏，选择【双向公差】，输入公差值，选择 🖼 （尺寸样式）按钮，系统弹出【尺寸样式】对话框，按照如图 5-3-33 所示设置【公差】字符大小为 2。使用同样的方法标注其余公差，如图 5-3-34 所示。

11．标注倒斜角尺寸

选择主菜单中的【插入】(Insert)|【尺寸】(Dimension)|【倒斜角】(Chamfer) 或单击【尺寸】工具栏中的 🖼 （倒斜角）

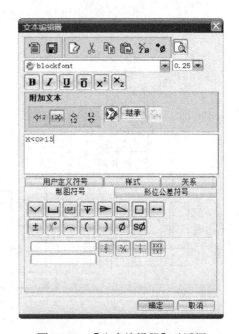

图 5-3-31　【文本编辑器】对话框

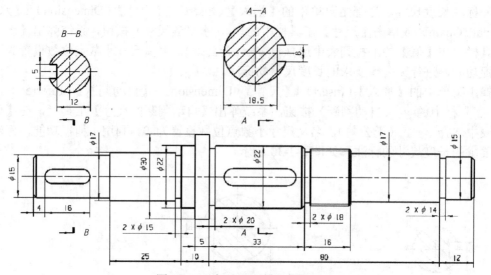

图 5-3-32　标注退刀槽和螺纹尺寸

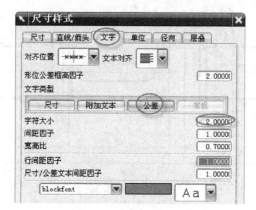

图 5-3-33　设置【公差】字符大小

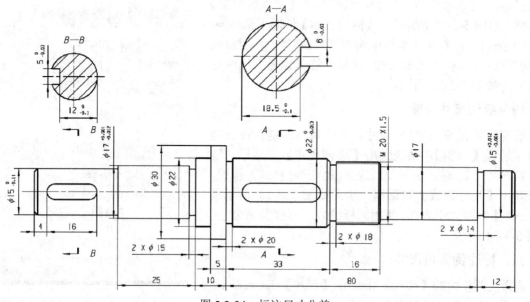

图 5-3-34　标注尺寸公差

按钮，系统弹出【倒斜角尺寸】工具栏，在【值】的下拉列表中选择 1.00 （无公差），名义尺寸小数点位数设置为 0。选择 （尺寸样式）按钮，系统弹出【尺寸样式】对话框，按照如图 5-3-35 所示设置【倒斜角】样式，选取斜角边标注各倒斜角尺寸，如图 5-3-36 所示。

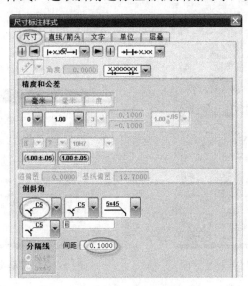

图 5-3-35　设置【倒斜角】样式

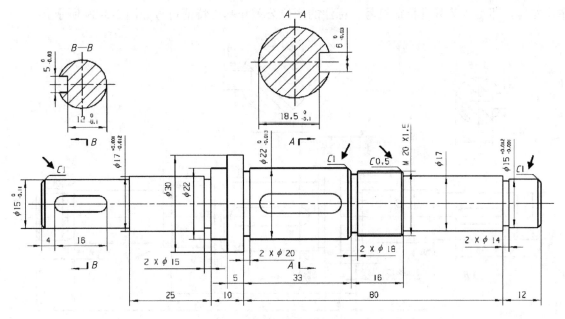

图 5-3-36　标注倒斜角尺寸

12．标注形位公差和基准特征符号

选择主菜单中的【插入】（Insert）|【注释】（Annotation）|【特征控制框】（Feature Control Frame）或单击【尺寸】工具栏中的 （特征控制框）按钮，系统弹出【特征控制框】对话框，按照如图 5-3-37 所示设置【特征控制框】参数，选取 $\phi 22$ 的轮廓边，按住鼠标左键拖曳到适当位置，松开后再单击左键即可创建形位公差。

图 5-3-37 【特征控制框】对话框

图 5-3-38 【基准特征符号】对话框

单击【注释】工具栏中的 ⌐ （基准特征符号）按钮，系统弹出【基准特征符号】对话框，如图 5-3-38 所示，分别选取 φ17 和 φ15 的轮廓边，按住鼠标左键拖曳到适当位置，松开后再单击左键，即可创建基准特征符号。标注的形位公差和基准特征符号如图 5-3-39 所示。

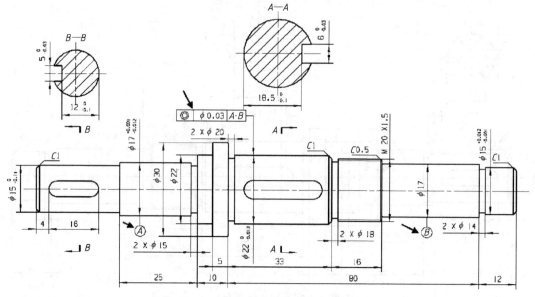
图 5-3-39 标注形位公差和基准特征符号

13．标注表面粗糙度

选择主菜单中的【插入】（Insert）|【注释】（Annotation）|【表面粗糙度符号】（Surface Finish Symbol），系统弹出【表面粗糙度符号】对话框，依次选择表面粗糙度符号、输入表面粗糙度值、选择表面粗糙度符号创建位置，然后，在图中选取相应的轮廓线或尺寸线，就可以进行粗糙度的标注，全部标注后如图 5-3-40 所示。

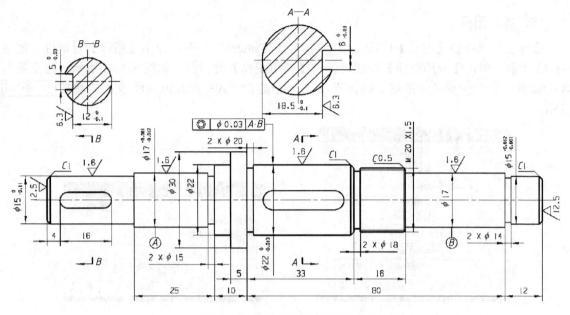

图 5-3-40　标注表面粗糙度符号

14．添加注释

选择主菜单中的【插入】(Insert) |【注释】(Annotation) |【注释】(Note) 或单击【注释】工具栏中的 A（注释）按钮，系统弹出如图 5-3-41 所示【注释】对话框，单击【设置】选项下的（样式）按钮，系统弹出如图 5-3-42 所示【样式】对话框，按图示设置，单击 确定 按钮回到【注释】对话框，在【文本输入】下面的文本框中输入相应的注释内容，然后在图纸区适当位置单击，即可添加注释。

图 5-3-41　【注释】对话框

图 5-3-42　【样式】对话框

15．插入图框

选择主菜单中的【格式】(Format)|【图样】(Pattern)命令，弹出【图样】对话框，如图 5-3-43 所示。单击【调用图样】按钮，弹出【调用图样】对话框，如图 5-3-44 所示。接受系统默认设置，单击 确定 按钮。找出在实例一创建的"A3_yangtu.prt"文件，单击 OK 按钮。

图 5-3-43 【图样】对话框

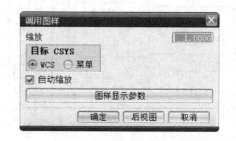

图 5-3-44 【调用图样】对话框

使用系统默认的图样名，单击 确定 按钮，系统弹出【点】对话框，设定基点坐标为(0, 0)，单击 确定 按钮，A3 标注图框被插入到工程图中，如图 5-3-45 所示。

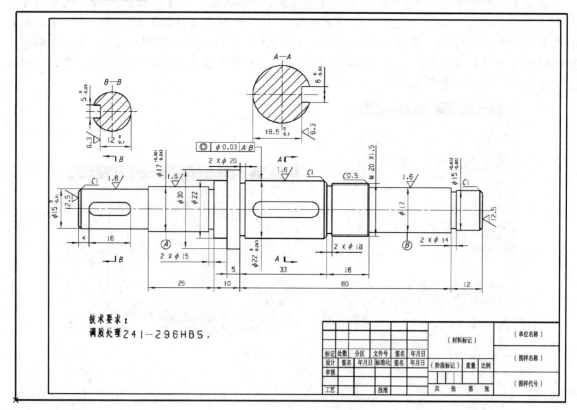

图 5-3-45 插入图框

16．保存文件

选择【文件】（File）|【保存】（Save）命令，保存文件。

拓展练习题

根据素材文件，按如图 5-ex-1 所示绘制工程图。

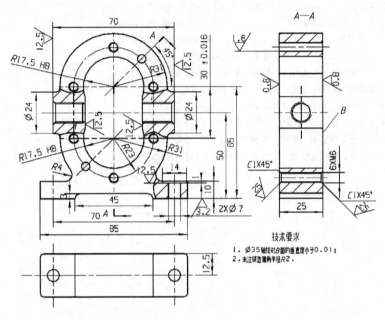

图 5-ex-1　练习文件工程图

参 考 文 献

[1] 慕灿,王东钢. UG NX 8.0 中文版基础教程. 合肥:中国科学技术大学出版社,2013.
[2] 钟奇,李俊文. UG NX 8.0 实例教程. 北京:人民邮电出版社,2014.
[3] 龚肖新,慕灿.三维机械设计项目教程(UG 版). 北京:北京大学出版社,2014.
[4] 谢龙汉. UG NX 8 三维造型设计及制图. 北京:清华大学出版社,2013.
[5] 高永祥. 零件三维建模与制造——UG NX 三维造型. 北京:机械工业出版社,2016.
[6] 王隆太,朱灯林,戴国洪. 机械 CAD/CAM 技术. 北京:机械工业出版社,2012.
[7] 伍胜男,慕灿. 三维实体造型(UG)实践教程. 北京:化学工业出版社,2013.
[8] 闫伍平,黄成. 中文版 UG NX8.0 技术大全. 北京:人民邮电出版社,2013.
[9] 王宇,马殿林,刘立佳. UG NX 8.0 从入门到精通. 北京:中国铁道出版社,2012.
[10] 展迪优. UG NX 8.0 曲面设计教程. 北京:机械工业出版社,2012.
[11] 展迪优. UG NX 8.0 曲面设计实例精解. 北京:机械工业出版社,2012.
[12] 北京兆迪科技有限公司. UG NX 8.0 实例宝典. 北京:机械工业出版社,2013.
[13] 钟日铭 .UG NX 10.0 完全自学手册. 北京:机械工业出版社,2015.
[14] 宁汝新,赵汝嘉,欧宗瑛.CAD/CAM 技术．北京:机械工业出版社,2013.